中

まとめ上手

理 科

Physics	Chemistry	Biology	Earth Science
$((\Psi))$	🧪	🌱	🌀

🐎 受験研究社

本書の特色

この本は，中学１年の重要事項を豊富な図版や表を使ってわかりやすくまとめたものです。要点がひと目でわかるので，日常学習や定期テスト対策に必携(ひっけい)の本です。

もくじ

part1　身近な物理現象

1　光の反射と屈折 ………… 4
2　凸レンズと像 ………… 8
3　音の性質 ………… 12
4　いろいろな力 ………… 16
5　力のはたらきと表し方 ………… 20
★　まとめテスト ………… 24

part2　身のまわりの物質

6　実験器具の使い方 ………… 26
7　身のまわりの物質の性質 ………… 30
8　気体の発生 ………… 34
9　気体の性質 ………… 38
10　水溶液 ………… 42
11　溶解度と再結晶 ………… 46
12　物質の状態変化 ………… 50
★　まとめテスト ………… 54

part3　生物の種類と共通点

13　身のまわりの生物の観察 ………… 56
14　被子植物と裸子植物 ………… 62
15　花のつくりと種子 ………… 66
16　種子をつくらない植物 ………… 70
17　セキツイ動物のなかま ………… 74
18　無セキツイ動物のなかま ………… 78
★　まとめテスト ………… 82

part4　大地の変化

19　火山の活動とマグマ ………… 84
20　地震とそのゆれ ………… 88
21　火山・地震による災害 ………… 92
22　地層のつくり ………… 96
23　化　石 ………… 100
24　大地の変動 ………… 104
★　まとめテスト ………… 110

4つのpartがあるんだよ！

しくみと使い方

part1 〜 **part4**　1節は4ページ，または6ページで構成しています。

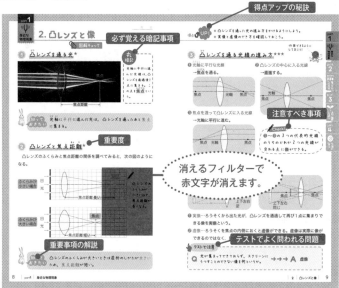

📎 **図解チェック**

1〜3ページ目，または1〜5ページ目。

節を小項目に分け，それぞれの重要度に応じて★印をつけています（★→★★→★★★の3段階）。小項目は，解説文と図表・写真などからなっています。

3（または5）ページ目下には，ゴロ合わせとマンガでまとめた「最重要事項暗記」を入れています。

✅ **チェックテスト**

4（または6）ページ目は一問一答による節のチェックテストで，答えは右段にあります。

章末には，章の内容を復習できる一問一答による「まとめテスト」があります。

part 1

身近な物理現象

1. 光の反射と屈折

月　　日

① 鏡による光の反射★★★

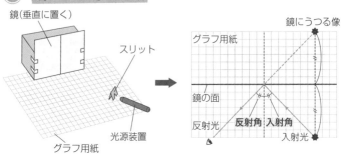

鏡(垂直に置く)

スリット

光源装置

グラフ用紙

鏡にうつる像

グラフ用紙

鏡の面

反射光　**反射角　入射角**

入射光

　図のように，光源装置の光をスリットを通して鏡にあてると，光は鏡に対して線対称の所から出たように見える。このように，実際には何もないのにそこにあるように見えるものを像という。

知って
おきたい　　**反射の法則 ⇒ 入射角＝反射角**

② 空気中から水中への光の進み方★★★

入射光　　　垂線　　反射光

空気　　**入射角**

境界面　　　　　（一部が反射する）
　　　　　　　　反射角

　　　　　　　（矢印は光の進む方向を示す）

水

屈折角　　　　屈折光

光が空気中から水中に進むとき，一部は反射し，一部は屈折する。

光は異なる物質の境界面で折れ曲がるよ。

Check!

空気中から水中に向けて光が入射したとき，屈折角は入射角より小さい。(屈折光は境界面から遠ざかる。)

知って
おきたい　　**入射角を大きくすると，屈折角も大きくなる。**

得点 UP!
- 反射や屈折の規則性をおさえて光の道筋をかけるようにしよう。
- ものが見えるしくみや色がついて見える理由を確認しよう。

③ 水中から空気中への光の進み方 ★★

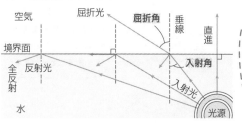

空気
屈折光　屈折角　垂線　直進
境界面
反射光　入射角　入射光
全反射
水
光源

Check!
水中から空気中に向けて光が入射したとき，屈折角は入射角より大きい。(屈折光は境界面に近づく。)

入射角がある角度以上になると，光は空気中に出ないですべて反射する。

知っておきたい
光が水中から空気中に進むとき，入射角がある角度以上になると，光がすべて反射される現象を全反射という。

④ 台形ガラスでの屈折 ★

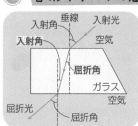

垂線
入射角　入射光
入射角　空気
屈折角
ガラス
屈折光
空気
屈折角

丸暗記
台形ガラスに光があたると，合計2回屈折する。このとき，入射光と屈折光は平行になる。

ガラスから空気へ光が進むときの屈折角は入射角より大きくなるよ。

⑤ 光と色 (プリズム) ★★

　太陽などの色を感じない光を白色光といい，プリズムに通すとさまざまな色に分かれる。白色光はいろいろな色の光が混ざってできており，色ごとに屈折角が異なるためプリズムに通すと光を分けることができる。

プリズム
白色光
波長が長い
波長が短い
赤橙黄緑青藍紫

知っておきたい
赤色から紫色になるにつれて屈折角が大きくなる。

⑥ 反射と屈折による身近な現象 ★★

❶ 光の屈折

色鉛筆

水に入れた色鉛筆が
ずれて見える。

目

コイン

水面で屈折した光の
先にコインが浮き上
がって見える。

Check!

光源からの光や，光
源から出た光が物体
にあたって反射した光
が目に入るため，物
体を見ることができる。

❷ 乱反射

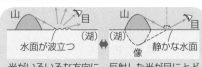

山　　　　　目

（湖）
水面が波立つ

光がいろいろな方向に
反射（乱反射）するため，
像は見えない。

（湖）　　静かな水面

山　　　　　目

像

反射した光が目にとど
き，像が見える。

あらゆる方向から物体を
見ることができるのは
乱反射のおかげ。

❸ 全反射

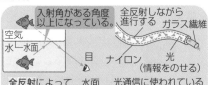

入射角がある角度
以上になっている。

空気
水　水面

目

全反射によって，水面
の上にもキンギョがい
るように見える。

全反射しながら
進行する　ガラス繊維

ナイロン
（情報をのせる）

光ファイバー

光通信に使われている
光ファイバーは全反射
を利用。

全反射をするときは
光は空気中へ出ていけ
ないよ。

知って
おきたい

光がすべて境界面で反射される現象を全反射といい，光が
いろいろな方向に反射する現象を乱反射という。

最重要事項
暗記

<u>入射光</u>　**同じ角度で**
　入射角　　　角度は等しい

<u>反射する</u>
　反射角

入射角と反射角は等しい（反射の法則）。

ゴン！

入射角と
同じ角度で
反射するよ

☑ チェックテスト

□ ❶ 光が発生するものを何というか。

□ ❷ 1つの物質の中を光が進むとき，その進み方にはどのような特徴があるか。

□ ❸ 鏡や水面などに光があたるとはね返ることを何というか。

□ ❹ ❸のとき，入射角と反射角が等しくなる。この光の進み方の法則を何というか。

□ ❺ 空気中を進んだ光が水中に入ると，光の進み方が変わるような現象を何というか。

□ ❻ 光が空気中から水中へ入るとき，入射角と屈折角のどちらが大きくなるか。

□ ❼ 水中やガラス中から空気中へ光が進むとき，入射角がある角度以上になったため，空気中へ出ていく光がなくなり，すべて反射することを何というか。

□ ❽ 台形ガラスに光をあてると，光がガラスの中へ入って出るまでに何回屈折するか。

□ ❾ 太陽光などの，さまざまな色の光が混ざってできている，色を感じない光を何というか。

□ ❿ 右の図は，ガラス板に光が入射したときの経路を示している。正しい経路は㋐～㋒のどれか。

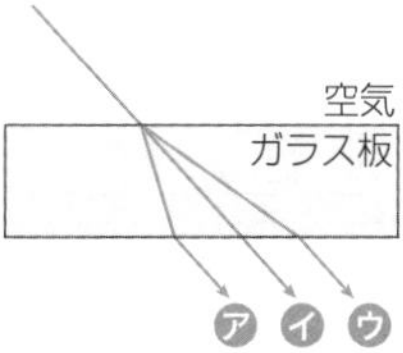

空気
ガラス板

㋐ ㋑ ㋒

□ ⓫ 光が，異なる物質の境界ですべて反射する全反射を利用しているのは，次のうちのどれか。

　㋐ コンタクトレンズ

　㋑ 発光ダイオード

　㋒ 蛍光灯

　㋓ 光ファイバー

解答

❶ 光源

❷ 直進する

❸ （光の）反射

❹ （光の）反射の法則

❺ （光の）屈折

❻ 入射角

❼ 全反射

❽ 2回

❾ 白色光

❿ ㋐

⓫ ㋓

身近な
物理現象

2. 凸レンズと像

📎 図解チェック

① 凸レンズを通る光 ★

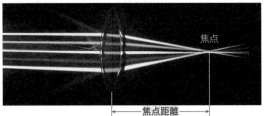

焦点

焦点距離

丸
暗記

光軸に平行に進んだ光線は、凸レンズを通過後1点に集まる。この点を**焦点**という。

知っておきたい：光軸に平行に進んだ光は、凸レンズを通ったあと焦点に集まる。

② 凸レンズと焦点距離 ★

凸レンズのふくらみと焦点距離の関係を調べてみると、次の図のようになる。

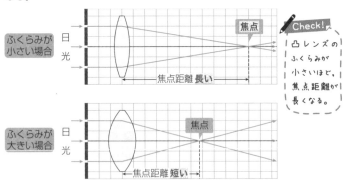

ふくらみが小さい場合　日光　焦点　焦点距離 長い

ふくらみが大きい場合　日光　焦点　焦点距離 短い

Check!
凸レンズのふくらみが小さいほど、焦点距離が長くなる。

知っておきたい：凸レンズのふくらみが大きいときは屈折のしかたが大きいため、焦点距離が短い。

● 凸レンズを通った光の進み方をかけるようにしよう。
● 実像と虚像のでき方を確認しておこう。

part
1
《》
身近な
物理現象

part
2
身のまわ
りの物質

part
3
生物の特徴
と共通点

part
4
⑥ 大地の
変化

作図できるように
しておこう!

③ 凸レンズを通る光線の進み方 ★★★

❶ 光軸に平行な光線
→焦点を通る。

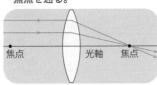

焦点　　光軸　　焦点

❷ 凸レンズの中心に入る光線
→直進する。

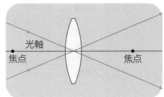

光軸
焦点　　　　　　　　　焦点

❸ 焦点を通って凸レンズに入る光線
→光軸に平行に進む。

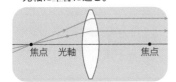

焦点　光軸　　　　　焦点

> Check!
> ❶～❸の3つの代表的光線
> のうちのどれか2つの光線が
> 交わる点に像ができる。

④ 凸レンズによる実像と虚像 ★★

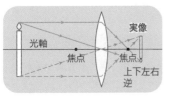

光軸　　　焦点　　焦点
実像
上下左右
逆

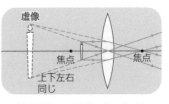

虚像
焦点　　　焦点
上下左右
同じ

❶ 実像…ろうそくから出た光が，凸レンズを通過して再び1点に集まりでできる像を実像という。

❷ 虚像…ろうそくを焦点の内側におくと虚像ができる。虚像は実際に像ができるのではなく，見かけ上のものである。

> 👆 テストで注意
>
> Q 光が集まってできておらず，スクリーンに　→→→　A 虚像
> うつすことのできない像を何というか。

⑤ 凸(とつ)レンズによる像のでき方 ★★★

物体の位置	像のようす	作図による像の求め方
❶焦点距離(しょうてんきょり)の2倍より遠いところに置く	・実像 ・上下左右が逆 ・実物より**小さい**	物体 / 光軸 / 凸レンズ / 焦点 / スクリーン / 実像 / 焦点距離の2倍 ← → 焦点距離の2倍
❷焦点距離の2倍のところに置く	・実像 ・上下左右が逆 ・実物と**同じ大きさ**	物体 / 焦点 / 実像
❸焦点距離の2倍から焦点の間に置く	・実像 ・上下左右が逆 ・実物より**大きい**	物体 / 焦点 / 実像
❹焦点距離より近いところに置く（焦点の内側）	・虚像(きょぞう) ・同じ向き ・実物より**大きい**	虚像 / 焦点 物体

Check!
物体を焦点上に置いた場合，像はできない。

知っておきたい
物体を凸レンズの焦点の外側に置くと実像ができる。
物体を凸レンズの焦点の内側に置くと虚像ができる（光が集まらず，スクリーンにうつらない。）。

最重要事項 暗記
実物の　ゾ**ウ**で客よせ
実　　　像

商店街
焦点外

物体を凸レンズの焦点の外側に置くと実像ができる。

○×商店街
逆さまの像ができるゾウ

☑ チェックテスト

解答

□ ❶ 凸レンズは，身近なところでどんなものに利用されているか。

□ ❷ 凸レンズに日光をあてると光は１点に集まるが，この点を何というか。

□ ❸ 焦点距離は，凸レンズのふくらみが大きくなるとどのようになるか。

□ ❹ 凸レンズの焦点の外側に物体を置いたときにできる像を（　　　）という。

□ ❺ 凸レンズの焦点の内側に物体を置いたときにできる像を（　　　）という。

□ ❻ スクリーンにうつすことのできる像は，実像と虚像のどちらか。

記述 □ ❼ 次の①，②，③の３つの光は，凸レンズを通ったあとどのように進むか。
①光軸と平行に凸レンズに入る光
②レンズの中心に入る光
③焦点を通ってレンズに入る光

□ ❽ 図の凸レンズに入った光線は，レンズ通過後どの経路を通るか。図の㋐〜㋒のうち正しいものを答えよ。

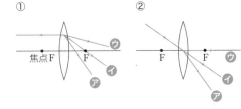
①
②

□ ❾ 物体から凸レンズまでの距離を16cmとすると，凸レンズからスクリーンまでの距離を（　　　）cmにすればはっきりとした像をうつすことができる。このとき，レンズの焦点距離は8cmとする。

❶ 顕微鏡，望遠鏡，老眼鏡（などから１つ）

❷ 焦点

❸ 短くなる

❹ 実像

❺ 虚像

❻ 実像

❼ ①焦点を通る
　②直進する
　③光軸に平行に進む

❽ ①イ
　②イ

❾ 16

part 1 身近な物理現象

part 2 身のまわりの物質

part 3 生物の種類と共通点

part 4 大地の変化

3. 音の性質

📎 図解チェック

① 振動と音 ★

❶ 音の生じ方…音は**音源**(または**発音体**)の振動によって生じる。

❷ 音の伝わり方…振動が波として伝わり，音が伝わる。液体，固体中でも音は伝わる。真空中など，振動を伝える物質がないとき音は伝わらない。

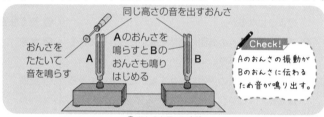

同じ高さの音を出すおんさ

おんさを
たたいて
音を鳴らす

A のおんさを
鳴らすと B の
おんさも鳴り
はじめる

A　　　B

Check!
A のおんさの振動が
B のおんさに伝わる
ため音が鳴り出す。

▲ おんさを用いた実験

知って
おきたい　音を発生しているものを音源(または発音体)という。

② 音の大小 ★★★

❶ 振幅…弦の振動の振れ幅のこと。

❷ 音の大小…振幅が大きいとき，音は大きくなる。振幅が小さいとき，音は小さくなる。

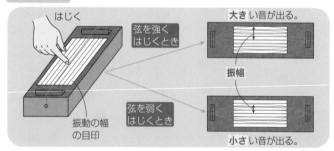

はじく

大きい音が出る。

弦を強く
はじくとき

振幅

振動の幅
の目印

弦を弱く
はじくとき

小さい音が出る。

知って
おきたい　弦を強くはじくと，振幅は大きくなり，大きな音が出る。

得点 ∪P!
● 振動数の大きさ（多さ）と音の高低の関係を確認しよう。
● 音の伝わり方を確認しよう。

part
1
身近な
物理現象

part
2
身のまわりの物質

part
3
生物の観察と分類

part
4
大地の変化

③ 音の高低 ★★★

❶ **振動数**…弦が1秒間に振動する回数を振動数といい，単位は**ヘルツ(Hz)** である。

❷ 音の高低…振動数が大きい（多い）ほど音は高くなる。

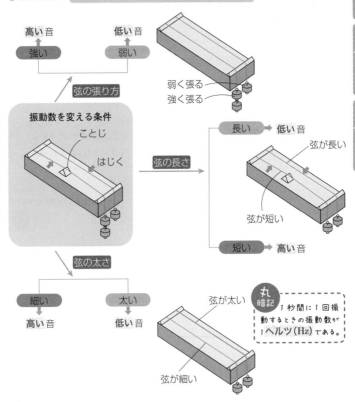

高い音　　低い音

強い　　弱い

弦の張り方

振動数を変える条件

ことじ

はじく

弱く張る
強く張る

弦の長さ　→　長い → 低い音

弦が長い

弦が短い

短い → 高い音

弦の太さ

細い　　太い

高い音　低い音

弦が太い

丸暗記 1秒間に1回振動するときの振動数が1ヘルツ(Hz)である。

弦が細い

知っておきたい　弦を強く張る，弦の長さを短くする，弦の太さを細くすると，弦の振動数が大きく（多く）なり，音は高くなる。

④ オシロスコープを使った音の観察 ★★★

オシロスコープやコンピュータを用いると、振動のようすを**波形**で表すことができる。

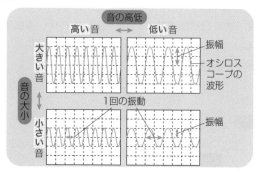

音の高低

高い音 ←→ 低い音

大きい音

音の大小

小さい音

振幅
オシロスコープの波形
1回の振動
振幅

Check!
①音の波形の山の高さが大きい（振幅が大きい）。➡音が大きい。
②音の波形の山の数が多い（振動数が大きい（多い））。➡音が高い。

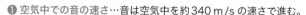

光の速さは約30万km/sだよ。

⑤ 音の伝わる速さ ★★

❶ 空気中での音の速さ…音は空気中を約340 m/sの速さで進む。

❷ 他の物質中での音の速さ…音を伝える速さは物質によって異なる。水は約1500 m/sの速さで音を伝え、鉄は約5950 m/sの速さで音を伝える。

最重要事項
暗記

<u>最短 距離</u> **高い音**の
<small>細 短 強</small> <small>高い音</small>
ファンファーレ

ワーワー
パンパカパ～ン
〜等賞〜!

弦を細くしたり、短くしたり、強く張ったりすると、振動数が大きく（多く）なり、音は高くなる。

☑ チェックテスト

□ ❶ 音を出しているものはどんな運動をするか。

□ ❷ 音は空気や水などの中を（　　）として伝わる。

□ ❸ 音の伝わる速さは，約340m/sである。これは，光の速さと比べて，はやいかおそいか。

□ ❹ 海に浮かぶ船から海底に向かって音を出したところ，1.2秒後に反射音が聞こえた。海の深さは何mか，水中での音速を1500m/sとして答えよ。

□ ❺ 弦を強くはじくと，どんな音が出るか。

□ ❻ 弦を長くしてはじくと，どんな音が出るか。

□ ❼ 弦を強く張ってはじくと，どんな音が出るか。

□ ❽ 弦を細くしてはじくと，どんな音が出るか。

□ ❾ 弦を振動させたとき，振動の幅を（①　　）といい，それが大きいほど，音は（②　　）い。

□ ❿ 1秒間に振動する回数を（①　　）といい，単位は（②　　）である。

□ ⓫ 雷の光が見えてから5秒後に音が聞こえた。音の速さを340m/sとすると，雷が光った場所から観測地点までの距離は何mか。

□ ⓬ ある弦をはじくと，0.25秒間に800回振動していた。このときの音は何Hzか。

□ ⓭ 図1のモノコードの弦の張り方を強くすると，音は（①　　）くなる。
次に，図2のようにして，aの部分とbの部分の弦を同じ強さではじいた場合，bに比べて，aの部分をはじいたときは，振動数は（②　　）くなり，高さは（③　　）い音が出る。

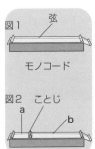
図1　弦
モノコード
図2　ことじ
a
b

解答

❶ 振動

❷ 波

❸ おそい

❹ 900m

❺ 大きな音

❻ 低い音

❼ 高い音

❽ 高い音

❾ ①振幅
　②大き

❿ ①振動数
　②ヘルツ
　（Hz）

⓫ 1700m

⓬ 3200Hz

⓭ ①高
　②大き（多）
　③高

4. いろいろな力

📎 図解チェック

いろいろな場面で
力がはたらいて
いるね。

① いろいろな力 ★★

丸暗記 力のはたらき…力のはたらきには，物体を変形させる，物体を支える，物体の運動を変える，の3つがある。

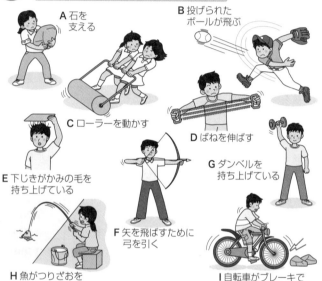

A 石を支える

B 投げられたボールが飛ぶ

C ローラーを動かす

D ばねを伸ばす

E 下じきがかみの毛を持ち上げている

G ダンベルを持ち上げている

F 矢を飛ばすために弓を引く

H 魚がつりざおを曲げている

I 自転車がブレーキで止まる

テストで注意

Q 上の図の**A〜I**の力のはたらきを分類し，下の表を完成させよ。

↓

A

①物体を変形させる。	D, F, H
②物体を支える。	A, E, G
③物体の運動を変える。	B, C, I

知っておきたい 力とは，物体を変形させたり，支えたり，運動を変えるはたらきをもつものをいう。

得点 UP!
● 身のまわりで力がはたらいている例を確認しよう。
● フックの法則について理解しておこう。

part
1
《り》
身近な
物理現象

part
2
身のまわ
りの物質

part
3
生物の種類
と共通点

part
4
大地の
変化

② 物体間にはたらく力 ★★★

丸暗記 ❶ ふれ合った物体間にはたらく力…弾性力, 摩擦力

物体を押すと物体が動く。

ばねを引くと, もとの形にもどろうとする力がはたらく。(弾性力)

ブレーキをかけると, ゴムと車輪がふれ合って, 車輪がとまる。(摩擦力)

丸暗記 ❷ 離れている物体間にはたらく力…磁石の力, 重力, 電気の力

磁石の同じ極を向かい合わせると, 反発する力がはたらく。(磁石の力)

リンゴをはなすと, リンゴが鉛直方向に落ちる。(重力)

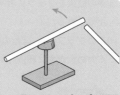

ティッシュペーパーでこすったストローを互いに近づけると, 反発する力がはたらく。(電気の力)

Check!

弾性力	力を加えて変形した物体が, もとの形にもどろうとする力
摩擦力	物体がふれ合っている面で, 物体の運動を妨げる力
重力	地球が物体を地球の中心に向かって引く力
磁石の力	同じ極どうしでは反発し, 異なる極では引き合う力
電気の力	同じ種類の電気どうしでは反発し, 違う種類では引き合う力

知っておきたい
物体間にはたらく力には, ふれ合った物体間にはたらく力のほかに, 離れている物体間にはたらく力もある。

③ 力とばねの伸び★★★

丸暗記
❶ フックの法則…ばねの伸びは，ばねにはたらく力の大きさに比例する。これを**フックの法則**という。

❷ フックの法則は，次のような実験で確かめることができる。

①右の図のように，ばねに分銅を，数を変えてつり下げて，それぞれのばねの伸びを測定する。

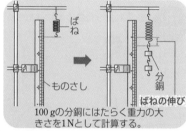
100 gの分銅にはたらく重力の大きさを1Nとして計算する。

②加えた力の大きさ（分銅の質量）とばねの伸びは，右の表のようになった。

分銅の質量〔g〕	0	20	40	60	80	100
力の大きさ〔N〕	0	0.2	0.4	0.6	0.8	1.0
ばねの伸び〔cm〕	0	1.0	2.0	3.0	4.0	5.0

③表の結果をグラフに表すと，原点を通る直線が得られる。

④このグラフから，ばねの伸びは，ばねにはたらく**力の大きさ**に**比例**していることがわかる。

✎ Check!
ばねの長さではなく，ばねの伸びと力の大きさが比例している。グラフの**傾き**が大きいほど，伸びやすいばねである。

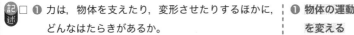

☑ チェックテスト

記述 □ ❶ 力は、物体を支えたり、変形させたりするほかに、どんなはたらきがあるか。

□ ❷ 変形したばねがもとの形にもどろうとする力を何というか。

□ ❸ 物体がふれ合っている面で、物体の運動を妨げる力を何というか。

□ ❹ 地球が物体を地球の中心に向かって引く力を何というか。

□ ❺ ふれ合った物体間にはたらく力を下よりすべて選べ。
　　⑦ 摩擦力　　④ 磁力の力　　⑦ 弾性力　　① 重力

□ ❻ 物体間が離れていてもはたらく力を❺の中から選べ。

□ ❼ 磁石の同じ極を向かい合わせると、（　　）する力がはたらく。

□ ❽ ①ばねに加えた力の大きさと、ばねの伸びの間にはどんな関係があるか。
　　②また、その関係を何の法則というか。

□ ❾ 図は、あるばねを引く力の大きさとばねの伸びとの関係を示している。図より、力の大きさが0.3Nのときのばねの伸びは（①　　）cmである。このばねに、質量60gのおもりをつけると、ばねの伸びは、（②　　）cmになる。また、このばねに、質量（③　　）gのおもりをつるすと、ばねは8cm伸びた。

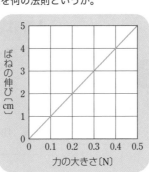

解答

❶ 物体の運動を変える

❷ 弾性力

❸ 摩擦力

❹ 重力

❺ ア、ウ

❻ イ、エ

❼ 反発

❽ ①比例
　②フックの法則

❾ ①3
　②6
　③80

5. 力のはたらきと表し方

📎 図解チェック

① 力の表し方 ★★★

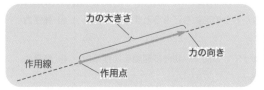

力の大きさ
力の向き
作用線
作用点

Check!
力を図示すると
きは、力の三要
素がわかるように、
左の図のように
矢印で示す。

❶ 作用点…力がはたらいている所→矢印の根もと

❷ 力の向き…力がはたらいている向き→矢印の向き

❸ 力の大きさ…矢印の長さ

矢印を使うと力がはたらく
ようすがわかるね。

**知って
おきたい** 作用点，力の向き，力の大きさを力の三要素という。

② 力の大きさと単位 ★★

　力の大きさは **N（ニュートン）** という単位で表す。物体の重さ（重力の大きさ）も力の単位の N を用いる。

ばねばかり

**丸
暗記**
100gのおもり
をつり下げた
とき、ばねに
かかる力の大
きさは約1N。

100g

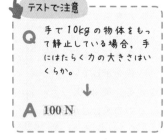

👆 **テストで注意**

Q 手で10kgの物体をもっ
て静止している場合、手
にはたらく力の大きさはい
くらか。
↓

A 100 N

**知って
おきたい** 1N は、地球上で質量 100g のおもりにはたらく重力と
ほぼ同じ大きさの力である。

得点UP!
● 力の三要素(作用点，向き，大きさ)を確認しよう。
● 重さと質量のちがいを確認しよう。

③ 重さ(重力の大きさ)と質量(物質の量)★★

❶ 重さ…物体にはたらく重力の大きさを重さという。

重さ

ばねばかり

同じ物体

1N

地球上

$\frac{1}{6}$N

月面上

Check!
重力の大きさは場所によって異なる。

丸暗記

重さ(重力)はばねばかりではかり、単位はN(ニュートン)を使う。月面上での重力は地球上の約$\frac{1}{6}$。

❷ 質量…物体そのものの量のことを質量という。

質量

上皿てんびん

同じ物体

100g

100g

地球上

100g

100g

月面上

Check!
質量はどこでも同じ。

Check!
質量は上皿てんびんではかり、単位はkgやgを使う。

 知っておきたい
物体にはたらく重力の大きさ(重さ)は場所によって異なるが、質量は物体そのものの量で、場所が変わっても変わらない量である。

④ 2つの力のつりあい★★★

1つの物体に2つの力がはたらいていて動かないとき、物体にはたらく力はつりあっている。このとき、2つの力は次の関係にある。

❶ 2つの力は一直線上にある。

❷ 2つの力は同じ大きさである。

❸ 2つの力は反対向きである。

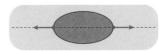
▲2つの力がつりあっているようす

Check!
物体が静止するとき、物体にはたらく力はつりあっている。

part 1 身近な物理現象

part 2 身のまわりの物質

part 3 生物の観察と分類

part 4 大地の変化

⑤ いろいろな力のつりあい★★

❶ 垂直抗力…面に接している物体には，面から物体に対して垂直にはたらく力が加わる。この力を**垂直抗力**という。

● 机の上に置かれている物体にはたらく力…机の上で静止している物体には，次の2つの力がはたらいている。

① 物体が地球から引かれる力（**重力**）
② 机が物体を押す力（**垂直抗力**）

　　垂直抗力の大きさは物体にはたらく重力の大きさと等しい。

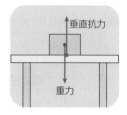

❷ 摩擦力…物体がふれ合っている面で，物体の運動を妨げる力を**摩擦力**という。物体を押しているときに物体が動かない場合，摩擦力が物体が動こうとする向きと反対向きに，物体を押している力と同じ大きさではたらいている。

Check!

机と物体の間に摩擦がある場合，手で物体を引いても物体が静止しているならば，物体にはたらく力は
● 物体が地球から引かれる力（重力）
● 机が物体を押す力（垂直抗力）
● 手が物体を引く力
● 摩擦力
の4つである。

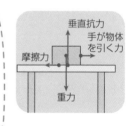

最重要事項 暗記

一直線 同じく逆立ちで
一直線上　　同じ大きさ　反対（逆）向き
動けない
物体は動かない

1つの物体に一直線上，同じ大きさ，反対向きの力がはたらいているとき，物体は静止して動かない。

☑チェックテスト

□ ❶ 力の三要素とは何か。以下の①～③にあてはまる語句を答えよ。

　　（①　　　），力の（②　　　），力の（③　　　）

□ ❷ 力を表す矢印では，①作用点はどこになるか。また，②矢印の長さは何を表しているか。

□ ❸ 矢印の長さが3cmの力の大きさは，矢印の長さが1cmの力の大きさの何倍になるか。

□ ❹ 力の大きさはどんな単位で表すか。

□ ❺ 質量50kgの人にはたらく重力の大きさはおよそいくらか。

□ ❻ 重さとは，物体にはたらく何の大きさのことか。

□ ❼ 月での重力の大きさは，地球での重力の大きさのおよそ何倍か。

□ ❽ 重力の大きさの単位を書け。

□ ❾ 場所が変わっても変化しない物体そのものの量を何というか。

□ ❿ 月での物体の質量は，地球での質量の何倍か。

□ ⓫ 質量の単位の例を書け。

□ ⓬ 次の図の物体には2つの力がはたらいている。①～④のそれぞれについて，つりあいの状態にあるものには○，つりあっていないものについては，その理由について適切なものを下の㋐～㋒から1つ選んで記号で答えよ。

　　㋐ 2つの力が一直線上にない。

　　㋑ 2つの力の大きさが等しくない。

　　㋒ 2つの力が反対向きになっていない。

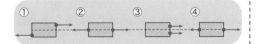

解答

❶ ①作用点
　②向き
　③大きさ
　（②，③順不同）

❷ ①矢印の根もと
　②力の大きさ

❸ 3倍

❹ N(ニュートン)

❺ 500N

❻ 重力

❼ $\frac{1}{6}$倍

❽ N(ニュートン)

❾ 質量

❿ 1倍

⓫ g, kg

⓬ ①ア
　②○
　③ウ
　④イ

📝 まとめテスト

月　　日

解答

□ ❶ 光が反射するとき，入射角と反射角の大きさは（　　）なる。（　　）にあてはまる言葉は何か。

❶ 等しく

□ ❷ ❶の関係を何というか。

❷ （光の）反射の法則

□ ❸ 空気中を進んだ光が，水中など異なる物質の中へ入るとき，光の進む方向が変わる現象を何というか。

❸ （光の）屈折

□ ❹ 水中から空気中へ光が進むとき，入射角がある角度以上になると，光がすべて反射される現象を何というか。

❹ 全反射

□ ❺ 凸レンズを通った，光軸に平行な光線が集まる点のことを何というか。

❺ 焦点

□ ❻ 凸レンズの焦点の外側に物体があるときにできる像を（①　　）という。また，凸レンズの焦点の内側に物体があるときにできる像を（②　　）という。

❻ ①実像
②虚像

□ ❼ 焦点距離が6cmの凸レンズを用いて物体と同じ大きさの像をスクリーンにうつすとき，物体とスクリーンはそれぞれ凸レンズから何cm離れたところに置けばよいか。

❼ 物体ー12cm
スクリーンー12cm

□ ❽ 図のように，ろうそく，焦点距離15cmの凸レンズ，半透明のスクリーンを一直線上になるように置いた。ろうそくを凸レンズから30cm離したとき，スクリーンにはっきりと像がうつった。このとき，凸レンズとスクリーンの距離は（①　　）cmである。また，スクリーンにうつった像の大きさは，実際のろうそくの大きさの（②　　）倍である。このときできる像を（③　　）という。

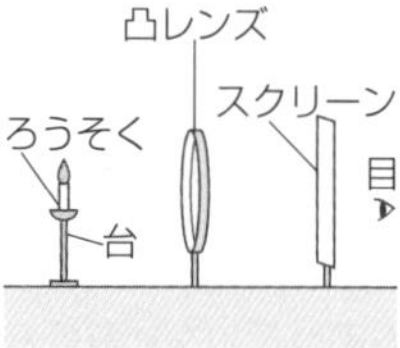

凸レンズ　スクリーン　ろうそく　台　目

❽ ①30
②1
③実像

□ ❾ 音を出している物体はどのような運動をしているか。

❾ 振動

part
1

((ı|)ı)
身近な
物理現象

part
2

身のまわりの物質

part
3

生物の観察と共通点

part
4

大地の変化

□ ⑩ 物体が振動する幅(振幅)が大きくなるほど,どんな
音が出るか。

□ ⑪ 物体の振動数が大きくなるほど,どんな音が出るか。

□ ⑫ 0.5秒間に1500回振動している弦がある。この弦
の振動数は何Hzか。

□ ⑬ 音は,空気中を1秒間に約(　　)m/sの速さで伝
わる。

□ ⑭ 雷が光ってから7秒後に音が聞こえた。音の速さを
⑬で答えた速さとすると,雷までの距離は何mか。

記述 □ ⑮ 力には,物体を支えるはたらきがある。そのほかに
どんなはたらきがあるか,はたらきを2つ書け。

□ ⑯ 地球が物体をその中心に向かって引く力を何という
か。

□ ⑰ 力の三要素とは,力の大きさ以外には何があるか。

□ ⑱ 力の矢印の長さは,何を表すか。

□ ⑲ 力の大きさはどんな単位で表すか。

□ ⑳ ばねの伸びは,ばねを引く力の大きさに(①　　)す
る。この関係を(②　　)という。

□ ㉑ 1つの物体に2つ以上の力がはたらいており,そ
の物体が静止している場合,物体にはたらく力は
(　　)の関係にある。

□ ㉒ 物体どうしがふれ合う面ではたらく,物体の動きの
反対向きにはたらく力を何というか。

□ ㉓ 机の上に置いた物体が静止している場合,物体には
たらく重力とつりあっている,机から物体にはたら
く力を何というか。

□ ㉔ 1つの物体にはたらく2つの力がつりあっている場
合,つりあいの条件を3つあげよ。
・2つの力は(①　　)上にある。
・2つの力は同じ(②　　)である。
・2つの力は(③　　)向きである。

⑩ 大きな音

⑪ 高い音

⑫ 3000Hz

⑬ 340

⑭ 2380m

⑮ 物体を変形
させる,物
体の運動を
変える

⑯ 重力

⑰ 力の向き,
作用点

⑱ 力の大きさ

⑲ N(ニュー
トン)

⑳ ①比例
②フックの
法則

㉑ つりあい

㉒ 摩擦力

㉓ 垂直抗力

㉔ ①一直線
②大きさ
③反対(逆)

月　日

6. 実験器具の使い方

📎 図解チェック

① ガスバーナーの使い方 ★★★

使い方を
覚えておこう!

❶ 火のつけ方, 炎の調節

①ガス調節ねじと空気調節ねじが閉まっていることを確かめてから, **元栓**を開く。(コックつきのときはコックもあける。)

②マッチの炎を円筒口に近づけ, **ガス調節ねじ**を少しずつ開きながら点火する。ガス調節ねじで炎の大きさを調節する。

③ガス調節ねじをおさえて, **空気調節ねじ**を少しずつ回し, 炎の色を青色にする。

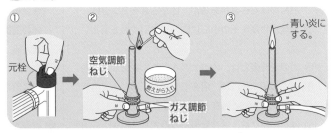

① 元栓
② 空気調節ねじ / 燃えがら入れ / ガス調節ねじ
③ 青い炎にする。

❶
❷
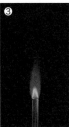❸

Check!
①空気不足(赤黄色で長い炎, すすが多い。)
②空気過剰(炎の勢いが強くポッと音をたてて消える。)
③正しい炎(無色に近い青色)

❷ 火の消し方

…火をつけるときと逆の順序で, 空気調節ねじ→ガス調節ねじ→元栓　の順に閉めて, 火を消す。

知っておきたい　ガスバーナーは, 炎の色を**青色**に調節して使用する。

得点 UP!
● 実験器具の使い方を確認しておこう。
● メスシリンダーではかった値を読みとれるようにしよう。

② メスシリンダーの使い方 ★★

丸暗記

①水平な台の上にのせる。

②液面のいちばんへこんだ下の面を真横から読みとる。

③目盛りはいちばん小さい目盛りの $\frac{1}{10}$ まで目分量で読む。

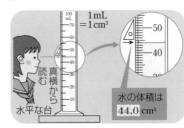

真横から読む

水平な台

1 mL = 1 cm³

水の体積は 44.0 cm³

知っておきたい 目の高さを液面にそろえ、1目盛りの $\frac{1}{10}$ まで読みとる。

③ 上皿てんびん・電子てんびんの使い方 ★

❶ 上皿てんびん

①てんびんは水平な台の上に置き、皿はうでの番号と合わせてのせる。

②指針が目盛りの中央で左右等しく振れるように調節ねじで調節する。

③はかろうとする物質を一方の皿にのせ、もう一方の皿には分銅をのせてつりあわせる。

④使い終わったら皿を片方に重ねる。

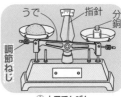

うで　指針　分銅

調節ねじ

▲上皿てんびん

❷ 電子てんびん

①何ものせていないとき、表示の数値を「0」、「0.00」にする。

②はかろうとするものをのせて、数値を読みとる。

皿

表示板

▲電子てんびん

知っておきたい 上皿てんびんで物質の質量をはかるとき、最初ははかろうとするものより少し重いと思われる分銅をのせる。

④ いろいろな実験器具の基本操作 ★

❶ 試験管の振り方

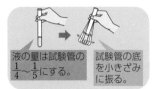

液の量は試験管の $\frac{1}{4}$ ～ $\frac{1}{5}$ にする。

試験管の底を小きざみに振る。

❷ こまごめピペットの使い方

ゴム球
ゴム球をおしつぶしたままで液体につけ、親指の力をぬいて吸い上げる。

安全球
ゴム球を軽くゆっくりとおして、液体を出す。

❸ 試験管の洗い方

ブラシは試験管の長さよりやや短めにもつ。

洗った後は、さかさにして乾かす。

試験管立て

⑤ 気体の性質を調べるときの基本操作 ★

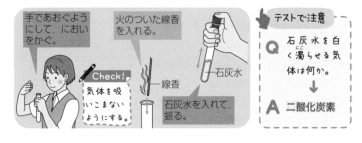

手であおぐようにして、においをかぐ。

火のついた線香を入れる。

石灰水

Check!
気体を吸いこまないようにする。

線香

石灰水を入れて、振る。

テストで注意

Q 石灰水を白く濁らせる気体は何か。
↓
A 二酸化炭素

最重要事項 暗記

振れ同じ
等しくふれている

等しくて
つりあっている

意見の重み

どちらの意見もそうだね

上皿てんびんは、指針が(中央で)左右に等しく振れているとつりあっている。

☑ チェックテスト

□ ❶ ガスバーナーを使うとき、2つのねじが閉まっていることを確認した後、最初に開く部分は何か。

□ ❷ ガスの炎の色を調節するねじは何か。

□ ❸ ガスの炎は何色になるように調節するか。

□ ❹ ガスバーナーの炎が大きいとき、空気調節ねじとガス調節ねじのどちらで調節するか。

記述 □ ❺ メスシリンダーは、水平な台に置いて、液面をどのように読むか。

□ ❻ ❺のとき、目分量で読みとるのは目盛りの何分の1までか。

□ ❼ 右の図の目盛りを正しく読みとると、何cm³か。

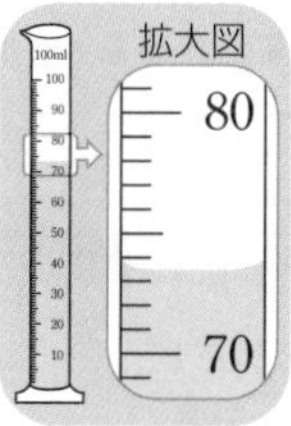

□ ❽ 上皿てんびんの指針が中央で左右等しく振れるように調節するためのねじを何というか。

記述 □ ❾ 上皿てんびんを使い終わったら、どのように保管するのがよいか。

記述 □ ❿ 気体のにおいをかぐときは、どのようにしてかげばよいか。

□ ⓫ 右の図のようなガスバーナーに点火するときには、はじめにねじa、ねじbを軽くしめたあと、①(ねじa、ねじb)を、②(矢印X、矢印Y)の方向に回して火をつけ、炎の大きさを調節する。その後、③(ねじa、ねじb)を④(矢印X、矢印Y)の方向に少しずつ回し、炎の色を⑤(青色、赤色)にする。この文章について、( )の中から正しいものをそれぞれ選べ。

矢印X 矢印Y
ねじa
ねじb

解答

❶ (ガスの)元栓

❷ 空気調節ねじ

❸ 青色

❹ ガス調節ねじ

❺ 液面を真横から読む

❻ 10分の1 $\left(\frac{1}{10}\right)$

❼ 73.5cm³

❽ 調節ねじ

❾ 皿を片方に重ねておく

❿ 手であおぐようにしてかぐ

⓫ ①ねじb
②矢印X
③ねじa
④矢印X
⑤青色

part
1
身近な物理現象

part
2
身のまわりの物質

part
3
生物の観察と分類

part
4
大地の変化

7. 身のまわりの物質の性質

図解チェック

① 物体と物質 ★

❶ 物体…ものを大きさや形・使用目的で
区別するときの名称。コップや自動車
といったそのもの自体の名前を示す。

❷ 物質…ものをつくっている材料につい
て着目して区別するときの名称。ガラス，鉄のように物体をつくってい
る材料の名前を示す。

ガラス（物質）　　鉄（物質）
コップ（物体）　　自動車（物体）

丸暗記

物質は金属，非金属や有機物，無機物に分けられる。

知って
おきたい

物質は物体をつくる材料の名称である。

② 金属と非金属 ★★

❶ 金属…鉄や銅，アルミニウ
ム，銀などの物質を金属と
いう。金属には次のような
共通する性質がある。

金属光沢　　熱伝導性　　展性

丸暗記

● 光沢をもってい
る（金属光沢）。

● 電流を流しやすい（電気伝導性）。

● 熱をよく伝える（熱伝導性）。

● たたいて広げたり（展性），引き伸ばしたりすることができる（延性）。

❷ 非金属…食塩やプラスチック，水など，金属でない物質を非金属という。

知って
おきたい

磁石に引きつけられるのは，金属に共通する性質ではない。磁石に鉄は引きつけられるが，アルミニウムは引きつけられない。

得点 UP!
● 金属の性質，有機物と無機物のちがいを理解しよう。
● 密度の計算問題を確認しておこう。

③ 密度 ★★★

Check!
体積 $1cm^3$ あたりの質量の大きさを密度(単位は g/cm^3)という。

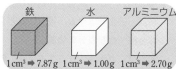

鉄　　　水　　アルミニウム

$1cm^3 ⇒ 7.87g$　$1cm^3 ⇒ 1.00g$　$1cm^3 ⇒ 2.70g$

丸暗記

$$密度(g/cm^3) = \frac{物質の質量(g)}{物質の体積(cm^3)}$$

固体	密度	液体	密度	気体	密度
氷(0℃)	0.92	水(4℃)	1.00	水素	0.0000899
アルミニウム	2.70	エタノール	0.79	酸素	0.001429
鉄	7.87	水銀	13.55	二酸化炭素	0.001977

いろいろな物質の密度

知っておきたい　物質の密度は，物質ごとに決まっている。

④ 有機物と無機物 ★★

いろいろな物質を燃やして発生する気体を石灰水で調べる。

物質
燃焼さじ
(アルミニウムはくで包む)

火がついたら集気びんに入れる。

石灰水

火が消えてから燃焼さじをとり出し，集気びんを振る。

燃やした物質	石灰水の変化
砂糖	白く濁った
スチールウール	変化なし
紙	白く濁った
食塩	変化なし
ポリエチレン	白く濁った
ガラス	変化なし

丸暗記
石灰水は，二酸化炭素と混ざると白く濁る。

知っておきたい　加熱すると炭になったり，燃やすと二酸化炭素を発生したりする物質を有機物という。有機物以外の物質を無機物という。

part 1 身近な物理現象
part 2 身のまわりの物質
part 3 生物の観察と分類
part 4 ⑥ 大地の変化

⑤ 物質の分類 ★★

二酸化炭素は炭素を含むけど無機物だよ。

❶ 金属と非金属の分類

●**金属**…金属光沢がある，電気伝導性・熱伝導性がある，たたくと広がる(展性)・ひっぱると伸びる(延性)などの特徴を示す。

例 鉄，アルミニウム，銅，鉛など

●**非金属**…金属以外の物質。

例 食塩，ガラス，プラスチック，酸素，水など

❷ 有機物と無機物の分類

●**有機物**…炭素を含み，燃えると**二酸化炭素**が発生する。

例 砂糖，デンプン，木材，エタノール，プラスチックなど

●**無機物**…有機物以外の物質。

例 食塩，ガラス，水，酸素，金属，二酸化炭素など

❸ 白い粉末の物質の分類

…3種類の白い粉末(砂糖，食塩，デンプン)は，性質を調べることで分類することができる。

① 水に溶けるかどうかを調べる。

② 熱したときのようすを調べる。

テストで注意

Q 上の❸の①，②を調べた結果の表を完成させよ。

↓

A

	砂糖	食塩	デンプン
①	溶ける	溶ける	溶けずに白く濁る
②	燃えて炭になる	変化しない	燃えて炭になる

最重要事項
暗記

はち**みつ**は 品質が
　　密度　　質量
わりと大切
　÷　　　体積

$$密度 (g/cm^3) = \frac{物質の質量 (g)}{物質の体積 (cm^3)}$$

品質がわりと大切

☑ チェックテスト

解答

□ ❶ 金属の共通の性質には，引っぱると伸びて（延性），たたくと広がる（展性）という性質がある。その他に共通の性質を2つあげよ。

❶ 電気伝導性，金属光沢（熱伝導性）

□ ❷ 次の㋐〜㋗の物質は有機物と無機物のどちらか，それぞれ答えよ。

㋐ 砂糖　㋑ 食塩　㋒ ろう　㋓ アルミニウム
㋔ 鉄　㋕ ガラス　㋖ プロパン　㋗ プラスチック

❷ ㋐有機物
　㋑無機物
　㋒有機物
　㋓無機物
　㋔無機物
　㋕無機物
　㋖有機物
　㋗有機物

□ ❸ 上の㋐〜㋗で，金属をすべて答えよ。

❸ ㋓，㋔

□ ❹ 有機物が燃えると発生する気体は何か。

❹ 二酸化炭素

□ ❺ 下の㋐〜㋒の白い粉末を加熱すると，1種類のみ変化しなかった。この粉末は㋐〜㋒のどれか。

　㋐ 砂糖　　㋑ 食塩　　㋒ デンプン

❺ ㋑

□ ❻ 単位体積あたりの質量を何というか。

❻ 密度

□ ❼ 体積が5.0cm³，質量が12gの物質の密度を求めよ。

❼ 2.4 g/cm³

□ ❽ 密度が0.9g/cm³の物質が144gあるとき，体積は何cm³か。

❽ 160 cm³

□ ❾ 密度2.7g/cm³の物質が20cm³あるとき，質量は何gか。

❾ 54 g

□ ❿ 図は物質A〜Eの同じ温度での体積と質量を示している。物質A〜Eのうち，①密度が最も大きいもの，②密度が最も小さいものをそれぞれ答えよ。

❿ ①B
　②D

_____月_____日

8. 気体の発生

図解チェック

① 二酸化炭素の発生 ★★★

❶ 炭酸カルシウムを含む物質にうすい塩酸を加える。

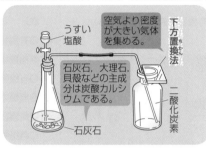

- うすい塩酸
- 空気より密度が大きい気体を集める。
- 下方置換法
- 石灰石，大理石，貝殻などの主成分は炭酸カルシウムである。
- 二酸化炭素
- 石灰石

Check!
二酸化炭素は空気より密度が大きい。

二酸化炭素は炭酸水素ナトリウムに酢酸を加えても発生するよ。

❷ エタノールや木炭などの有機物を燃焼させる。

知っておきたい

炭酸カルシウム ＋ 塩酸 ⟶ 塩化カルシウム＋水＋二酸化炭素

炭素 ＋ 酸素 ⟶ 二酸化炭素

② 酸素の発生 ★★★

● うすい過酸化水素水(オキシドール)を分解する。

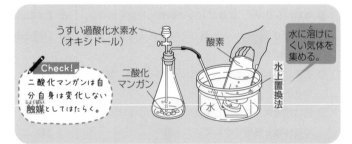

- うすい過酸化水素水（オキシドール）
- 酸素
- 水に溶けにくい気体を集める。
- 二酸化マンガン
- 水上置換法
- 水

Check!
二酸化マンガンは自分自身は変化しない触媒としてはたらく。

知っておきたい

過酸化水素 —(二酸化マンガン)→ 水 ＋ 酸素

得点 UP!
- いろいろな気体の発生方法を確認しよう。
- 気体の性質と集め方の関係を理解しよう。

③ アンモニアの発生 ★★

❶ アンモニア水を加熱する。

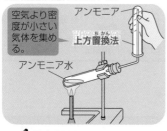

空気より密度が小さい気体を集める。

アンモニア

上方置換法

アンモニア水

 Check!

アンモニア水は、アンモニアの気体を水に溶かしたものであり、加熱するとアンモニアの気体が発生する。

❷ 塩化アンモニウムと水酸化カルシウムを反応させる。

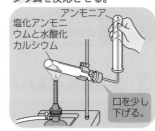

アンモニア

塩化アンモニウムと水酸化カルシウム

口を少し下げる。

Check!

アンモニアは刺激臭があり、有毒である。

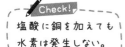 知っておきたい

塩化アンモニウム + 水酸化カルシウム
⟶ 塩化カルシウム + 水 + アンモニア

④ 水素の発生 ★★★

● 金属と酸との反応で水素を発生させる。

亜鉛やマグネシウム, 鉄などの金属に, うすい塩酸やうすい硫酸を加えると, 水素が発生する。

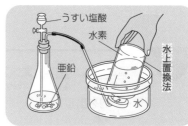

うすい塩酸

水素

亜鉛

水上置換法

水

Check!

塩酸に銅を加えても水素は発生しない。

 知っておきたい

マグネシウム + 塩酸 ⟶ 塩化マグネシウム + 水素

part 1 身近な物理現象

part 2 身のまわりの物質

part 3 生物の構造と共通点

part 4 ⑥ 大地の変化

⑤ その他の気体の発生 ★

気体名	製法	加熱	集め方	性質
窒素	亜硝酸ナトリウムと塩化アンモニウムを混合する。	要	水上置換法	色やにおいはない。
塩素	塩酸に二酸化マンガンを加える。	要	下方置換法	有毒。換気に注意。
二酸化硫黄	硫黄の燃焼	要	下方置換法	有毒。

⑥ 主な気体の集め方 ★★★

水に溶けやすいか、溶けにくいか	水に溶けにくい気体	水に溶けやすい気体	
空気より密度が大きいか、小さいか		密度が大きい気体	密度が小さい気体
気体の集め方（捕集法）	水上置換法	下方置換法	上方置換法
気体名	酸素, 水素, 二酸化炭素	塩素, 二酸化炭素	アンモニア

Check!

アンモニアは非常に水に溶けやすい。

最重要事項 暗記

塩さんは　**金属**食べて
塩酸　　　　　亜鉛, マグネシウムなど

泡を出し
水素

金属（亜鉛, マグネシウム, 鉄など）
に塩酸を加えると水素が発生する。

☑ チェックテスト

解答

□ ❶ 大理石（炭酸カルシウム）に塩酸を加えると発生する気体は何か。

□ ❷ 亜鉛に塩酸を加えると発生する気体は何か。

□ ❸ 過酸化水素水に二酸化マンガンを加えると発生する気体は何か。

記述 □ ❹ ❸の反応において、二酸化マンガンを加えるのはなぜか。

□ ❺ アンモニアの気体を発生させるには、水酸化カルシウムと何を加えて加熱すればよいか。

□ ❻ 下の⑦〜⑨の気体の捕集法を何というか。

□ ❼ ❻の図の⑦〜⑨から、①アンモニア、②塩素、③水素、④二酸化炭素を集める方法を、それぞれすべて選べ。

記述 □ ❽ ❼の③で答えた集め方ができるのは、水素がどのような性質をもっているためか。

□ ❾ 図1の装置で酸素を発生させた。溶液Aは（①　　）である。
この反応では二酸化マンガンは（②　　）として作用し、その物自身は反応に際して変化しない。発生した酸素の集め方として正しいものは図2の⑦〜⑨では（③　　）である。

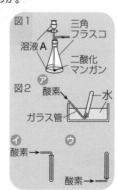

図1　三角フラスコ　溶液A　二酸化マンガン

図2　⑦　酸素　水　ガラス管　⑦　酸素→　⑨　酸素→

❶ 二酸化炭素

❷ 水素

❸ 酸素

❹ 過酸化水素水の分解を進めるため。

❺ 塩化アンモニウム

❻ ⑦下方置換法
⑦上方置換法
⑨水上置換法

❼ ①⑦
②⑦
③⑨
④⑦，⑨

❽ 水に溶けにくい性質

❾ ①過酸化水素水
②触媒
③⑦

part 1 (♪) 身近な物理現象

part 2 りの物質 身のまわ

part 3 生物の観察 と共通点

part 4 ❻ 大地の変化

9. 気体の性質

📎 図解チェック

① 二酸化炭素の性質 ★★★

❶ 無色，無臭で水に少し溶ける。二酸化炭素の水溶液(**炭酸水**)は弱い**酸性**を示し，青色リトマス紙を**赤色**にする。

❷ **空気より密度が大きい**気体で，他の物質を燃やすはたらきがない。

❸ 生物の吸気(吸う息)より呼気(はく息)の中に多く含まれる。

❹ **石灰水**を**白濁**させる。

丸暗記 二酸化炭素は水に溶ける気体であるが水上置換法で集めることもある。

空気より密度が大きく，物質を燃やすはたらきがない。

二酸化炭素

二酸化炭素

石灰水

石灰水の白濁

② 酸素の性質 ★★

❶ 無色，無臭で水にはほとんど溶けない。

❷ 空気よりやや密度が大きい。

❸ 空気中に約20%含まれ，生物の呼吸に使われる。

❹ 他の物質の燃焼を助ける**助燃性**がある。酸素中では空気中よりも激しく燃焼する物質が多い。

🔥 酸素中で燃える木炭

🔥 酸素中で燃える細い鉄線

Check!
酸素は，それ自体は燃えない。

酸素中では激しく燃えているね。

知っておきたい 酸素中に火のついた線香を入れると，炎を出して燃える。

得点UP!
● それぞれの気体の性質を理解しよう。
● 気体の確認方法を覚えておこう。

③ アンモニアの性質 ★★★

❶ 無色，刺激臭のある気体で，水に非常によく溶ける。

❷ 水溶液はアルカリ性を示し，
フェノールフタレイン液を赤
色，赤色リトマス紙を青色にす
る。

❸ 空気より密度が小さい気体。

スポイトをおす。

アンモニアが水によく
溶けるため，フラスコ
内の気圧が下がる。

水槽の水がフラスコに
入り，フェノールフタ
レイン液を加えた水が
アンモニアで赤色にな
る。

▲アンモニアの性質を利用した噴水

丸暗記 フェノールフタレイン液は，アルカリ性のときのみ赤色を示す。

④ 水素の性質 ★★

❶ 無色，無臭で，水にほとんど溶けない。

❷ すべての気体の中で最も密度が小さい。

❸ 空気との混合気体に火を近づけると爆発
（ポンと音がする）する。

音をたてて燃える。
（水素と酸素が結びつく反応）
水素

知っておきたい 水素は，火をつけるとポンと音がして燃える。

⑤ 二酸化硫黄 ★

❶ 硫黄を空気中で燃やすと発生する。

❷ 無色，刺激臭のある気体で，水に溶けると酸性を示す。

水溶液は酸性（水によく溶ける。）

Check! 二酸化硫黄は大気汚染の原因の1つにあげられている。

9 気体の性質 39

⑥ いろいろな気体の性質のまとめ ★★★

気体を見分けるときは，色，においや水に対する溶け方，空気に対する密度の大きさ，水溶液の性質などを調べ，その気体の性質にあてはまるものを見つける。

気体／性質	二酸化炭素	酸素	アンモニア
色	無色	無色	無色
におい	なし	なし	刺激臭
水に対する溶け方	少し溶ける	溶けにくい	非常によく溶ける
空気に対する密度	大きい	やや大きい	小さい
水溶液の性質	酸性		アルカリ性
その他の性質	石灰水に通すと白濁する。	助燃性がある。生物の呼吸に必要。	フェノールフタレイン液を赤色にする。

気体／性質	水素	窒素	二酸化硫黄	塩素
色	無色	無色	無色	黄緑色
におい	なし	なし	刺激臭	刺激臭
水に対する溶け方	溶けにくい	溶けにくい	溶ける	溶ける
空気に対する重さ	非常に小さい	やや小さい	非常に大きい	非常に大きい
水溶液の性質			酸性	酸性
その他の性質	酸素との混合気体は爆発的に燃えて水ができる。	空気の約80%を占め，他の物質と反応しにくい。	酸性雨の原因となる。水溶液には漂白作用がある。	毒性の強い気体。漂白，殺菌作用がある。

最重要事項 暗記

兄さんは　せっかちすぎて
二酸化炭素　　石灰水

白くなり
白濁

二酸化炭素を通すと，石灰水が白濁する。

□ ❶ 石灰水を白く濁らせる気体は何か。

❶ 二酸化炭素

□ ❷ 無色，無臭で水にほとんど溶けず，気体の中で最も密度が小さい気体は何か。

❷ 水素

□ ❸ 空気中に約20%含まれ，物質が燃焼するときに必要な気体は何か。

❸ 酸素

□ ❹ 水に非常によく溶け，無色で刺激臭があり，水溶液はアルカリ性を示す気体は何か。

❹ アンモニア

□ ❺ アルカリ性の水溶液に，無色のフェノールフタレイン液を加えると，何色に変化するか。

❺ 赤色

□ ❻ 水に溶けにくく，空気より軽い性質をもつ気体を集めるためには，どのような方法を用いるか。

❻ 水上置換法

□ ❼ 空気中に約80%含まれ，他の物質と結びつきにくい気体は何か。

❼ 窒素

□ ❽ 硫黄を空気中で燃やしたときにできる気体で，刺激臭がある気体は何か。

❽ 二酸化硫黄

□ ❾ 刺激臭のある気体で，殺菌作用や漂白作用があり，水道水やプールの消毒にも使われる気体は何か。

❾ 塩素

□ ❿ アンモニアを集めた丸底フラスコを用いて，図のような装置を組み立てた。スポイトで丸底フラスコの中に水を入れると，フェノールフタレイン液を加えた水が，丸底フラスコの中に噴き上がった。このとき噴き上がった水の色は（①　）色であった。これは，アンモニアが水に溶けると（②　）性を示すためであり，水が噴き上がったのは，スポイトで丸底フラスコに入れた水にアンモニアが（③　）ることで，丸底フラスコ内の気圧が（④　）ったためである。

❿ ①赤
　②アルカリ
　③溶け
　④下が

10. 水溶液

📎 図解チェック

1 水溶液 ★★

❶ 水溶液…水に砂糖を入れ，よくかき混ぜると，砂糖はしだいに水と混じりあって見えなくなり，**透明**な状態になる。このとき，砂糖は水の中に，目に見えない小さな粒となって均一に混じっている。このように，液体に物質が溶けたものを**溶液**といい，溶かす液体が水の場合を**水溶液**という。

砂糖／水／ガラス棒／砂糖水

水に砂糖を入れる　　かき混ぜる（濁っている）　　透明になる

🔺 水溶液ができるようす

❷ 溶媒と溶質…水溶液をつくっているもののうち，物質を溶かしている液を**溶媒**という。

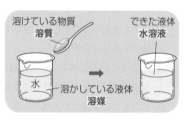

溶けている物質 **溶質**／できた液体 **水溶液**／水／溶かしている液体 **溶媒**

✎ Check!
- 溶媒が水のときの溶液…水溶液
- 溶媒がエタノールのときの溶液…エタノール溶液

　水溶液をつくっているもののうち，溶けている物質を**溶質**という。この溶質は気体，液体，固体のいずれでもよい。

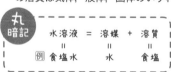

丸暗記
```
水溶液 ＝ 溶媒 ＋ 溶質
  ‖        ‖     ‖
例 食塩水    水    食塩
```

🐰 知っておきたい　砂糖水は，砂糖が溶質で，水が溶媒である。溶質が水に溶けた液全体を水溶液という。

2 水溶液の濃さ ★★★

右の図のように，①・②の2つの食塩水をつくり，濃さを比べる。

物質を水に溶かしたとき，その**濃さ(濃度)** は，溶けている物質の質量によって変わってくる。溶液の濃さを表すとき，一般に使われるのは，**質量パーセント濃度**である。

これは，溶液全体の質量に対する溶質の質量の割合を，パーセント(%)で表したもので，右の式で示される。

右上の①食塩水と②食塩水の質量パーセント濃度を比べると，

①の食塩水は水100gに食塩25gを溶かしてある。

②の食塩水は水150gに食塩50gを溶かしてある。

丸暗記

$$質量パーセント濃度(\%) = \frac{溶質の質量(g)}{溶液の質量(g)} \times 100(\%)$$
$$= \frac{溶質の質量(g)}{溶媒の質量(g)+溶質の質量(g)} \times 100(\%)$$

● ①の食塩水の濃度 $= \dfrac{①の食塩の質量}{①の食塩水の質量} \times 100$

$$= \frac{25(g)}{\underset{125\,g}{100(g)+25(g)}} \times 100 = 20(\%)$$

計算の結果から，②の食塩水のほうが濃いことがわかるね。

● ②の食塩水の濃度 $= \dfrac{②の食塩の質量}{②の食塩水の質量} \times 100$

$$= \frac{50(g)}{\underset{200\,g}{150(g)+50(g)}} \times 100 = 25(\%)$$

テストで注意

Q 濃度20%の食塩水350gに含まれる食塩の質量を求めよ。 →→→ **A** 350 × 0.2 = 70(g)

③ 物質の溶解 ★

右の図は，砂糖が水に溶けるようすを，砂糖の粒子モデルで表したものである。

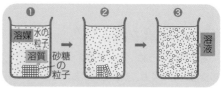
▲ 砂糖が水に溶けるようす

❶ 砂糖を水の中に入れる。

❷ 水が砂糖の粒子と粒子の間に入りこみ，砂糖はくずされて，細かくなって，散らばっていく。

❸ 水が砂糖の粒子と粒子の間に均一に入りこみ，砂糖が水にすべて溶けて，どの部分も，濃さが同じになる。

❸の状態になったものを，水溶液という。

丸暗記

- 水溶液は，水（溶媒）に物質（溶質）が溶けた液体である。
- 水溶液は，全体が均一で，濃さは同じであり，色がついていても，透明な液体である。
- 水溶液中では，溶質の小さな粒子が均一に混じり合っている。

無色でも有色でも水溶液は透明だよ。

Check!

物質が溶ける前と後で，全体の質量は変化しない。

最重要事項暗記

食塩水　食塩 洋室
溶質

水 うばい
溶媒

溶けている物質を溶質，溶かしている液体を溶媒という。

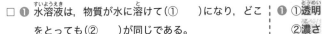

✅ チェックテスト

□ ❶ 水溶液は，物質が水に溶けて（①　　　）になり，どこをとっても（②　　　）が同じである。

□ ❷ 溶液をつくっているもののうち，物質を溶かしている液体を何というか。

□ ❸ 溶液をつくっているもののうち，溶けている物質を何というか。

□ ❹ 物質を溶かしている液体が水の場合の溶液を何というか。

□ ❺ 物質を溶かしている液体がエタノールの場合の溶液を何というか。

□ ❻ 水溶液の濃度は何を使って表すか。

□ ❼ ❻を表す，次の式を完成せよ。

$$\boxed{❻}(\%) = \frac{(①\quad)\text{の質量(g)}}{(②\quad)\text{の質量(g)}} \times 100$$

$$= \frac{(③\quad)\text{の質量(g)}}{\text{溶質の質量(g)}+(④\quad)\text{の質量(g)}} \times 100$$

□ ❽ 100gの水に25gの塩化ナトリウムを溶かした。この塩化ナトリウム水溶液の濃度を答えよ。

□ ❾ 5%の硝酸カリウム水溶液を300gつくる。このとき，何gの水と何gの硝酸カリウムが必要か，求めよ。

□ ❿ 水溶液には，（①　　　）が固体のものだけでなく，液体や気体のものもある。図の砂糖の水溶液の質量パーセント濃度は（②　　　）%である。水240gで同じ濃度の砂糖の水溶液をつくるには，砂糖を（③　　　）g溶かせばよい。

砂糖20g
水に砂糖を入れる
水80g

解答

❶ ①透明
　②濃さ

❷ 溶媒

❸ 溶質

❹ 水溶液

❺ エタノール
　溶液

❻ 質量パーセント濃度

❼ ①溶質
　②溶液
　③溶質
　④溶媒

❽ 20%

❾ 水ー285g
　硝酸カリウムー15g

❿ ①溶質
　②20
　③60

part 1 身近な物理現象

part 2 身のまわりの物質

part 3 生物の種類と共通点

part 4 大地の変化

11. 溶解度と再結晶

📎 図解チェック

① 溶解度 ★★

❶ 飽和…物質をそれ以上溶けない限度まで溶かしたとき、飽和したという。このときの水溶液を、飽和水溶液という。

丸暗記 ❷ 溶解度…ある物質を水100gに溶かして飽和水溶液にしたときの、溶けた物質の質量を溶解度という。溶解度は物質によって決まっていて、水の温度によって変化する。

❸ 溶解度曲線…右のようなグラフを溶解度曲線といい、物質の溶ける量が温度によって変わるようすがわかる。

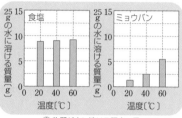

▲ 物質が水に溶ける限度の量

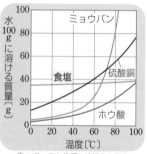

▲ いろいろな物質の溶解度と温度

Check!
一般に固体の溶解度は、水温が高くなると大きくなるが、気体の溶解度は、水温が高くなると小さくなる。

▲ 固体の溶解度(水100gに溶けるg数)

物質＼温度〔℃〕	0	20	40	60	80	100
塩化ナトリウム	35.5	35.9	36.4	37.0	38.0	39.2
硫酸銅	14.0	20.2	28.7	39.9	56.0	76.9
ホウ酸	2.66	5.04	8.72	14.8	23.6	39.5

知っておきたい
物質がそれ以上溶けることができない水溶液を、飽和水溶液という。水100gに物質を溶かして飽和水溶液にしたときの溶けた物質の質量を、溶解度という。

part 1 身近な物理現象

part 2 身のまわりの物質

part 3 生物の種類と共通点

part 4 大地の変化

② 結晶と再結晶 ★

純粋な物質からできていて，物質特有の形や色をもつ固体を結晶という。

温度を上げて固体を溶けるだけ溶かす／温度計／ガラス棒／冷却／蒸発／温度計／結晶／蒸発／結晶／蒸発皿／▲再結晶

水を少しずつ蒸発させる➡大きい結晶ができる。

▲食塩の結晶

Check!
結晶は物質を区別する手がかりになる。

知っておきたい　固体を一度水に溶かし，再び結晶としてとり出す方法を再結晶という。

③ ろ過 ★★

溶液中に固体が混じっているとき，ろ過によって固体と液体を分離することができる。

Check!
ろ液には溶液に溶けたものが，ろ紙には溶けなかったものが残る。

丸暗記　溶液はガラス棒に伝わらせて入れ，ろうとのあしはビーカーの壁につける。

ろ紙にはとても小さな穴があいているよ。

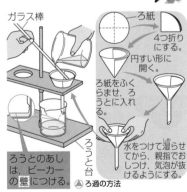

ガラス棒／ろうとのあしは，ビーカーの壁につける。／ろうと台

ろ紙／4つ折りにする。／円すい形に開く。／ろ紙をふくらませ，ろうとに入れる。／水をつけて湿らせてから，親指でおしつけ，気泡が抜けるようにする。／▲ろ過の方法

④ ホウ酸の水溶液から出る結晶の量 ★★

　80℃の水100gに15gのホウ酸を溶かした水溶液がある。この水溶液の温度を下げていったときの変化は次のようになる。

❶ 80℃のとき…この温度ではまだホウ酸を溶かす余裕(グラフのHA)があり，飽和水溶液ではない。

▲ ホウ酸の溶解度と温度との関係

❷ 60℃のとき…この温度では水100gに対して15gまでしか溶けないので飽和水溶液になっている。

❸ 20℃のとき…この温度では水100gに対して5g(グラフのCD)しか溶けないので，溶けきれなくなったホウ酸10g(グラフのBC)が結晶となって出てくる。

▲ ホウ酸の結晶

❹ 飽和水溶液と濃度…水溶液は温度を下げていくと溶質が結晶となる。すると，水溶液に溶けている溶質が少なくなるため，濃度は変化する。

✏ Check!

- ●❶のとき…水は100gで，溶けているホウ酸は15gなので約13%
- ●❷のとき…水は100gで，溶けているホウ酸は15gなので約13%
- ●❸のとき…水は100gで，溶けているホウ酸は5gなので約5%

最重要事項 暗記

最終回　決勝戦で
　再　　　結晶

再登場
再び(結晶が)現れる

決勝
次は負けん　おまえは…
敗者復活

固体を一度水に溶かし，再び結晶としてとり出す方法を再結晶という。

☑ チェックテスト

解答

□ ❶ ある温度で，水100gに物質を溶かすとき，溶かすことができる最大量を何というか。

❶ 溶解度

□ ❷ ❶のときの水溶液を何というか。

❷ 飽和水溶液

□ ❸ 液体に混ざっている固体は，どんな方法で分けるか。

❸ ろ過

□ ❹ ろ過をするとき，ろうとのあしはどのようにするのがよいか。㋐～㋒から正しいものを選べ。

❹ ㋐

□ ❺ 固体の溶解度は，一般に温度が高くなるとどうなるか。

❺ 大きくなる

□ ❻ 気体の溶解度は，一般に温度が高くなるとどうなるか。

❻ 小さくなる

□ ❼ 多量の物質を溶かした高温の液体の温度を下げると，溶けきれなくなった固体が出てくる。このことを何というか。

❼ 再結晶

□ ❽ グラフは，食塩，ミョウバン，硝酸カリウムの溶解度を示している。60℃における3種類の飽和水溶液を20℃に冷却したとき，最も多くの結晶が析出する物質は（①　）である。これは，溶解度の差が最も（②　）からである。また，出てきた結晶が最も少ない物質は（③　）である。

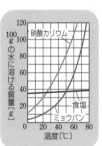

❽ ①硝酸カリウム

②大きい

③食塩

□ ❾ 70℃，100gの水にミョウバンを溶けるだけ溶かして飽和水溶液をつくった。これを20℃に冷やしたとき，❽のグラフより出てくる結晶は何gか。

❾ 80g

part 1 身近な物理現象

part 2 身のまわりの物質

part 3 生物の観察と分類

part 4 大地の変化

11 溶解度と再結晶 | 49

12. 物質の状態変化

📎 **図解チェック**

① 物質の状態変化 ★

温度によって，固体←→液体←→気体と姿を変えることを**状態変化**という。

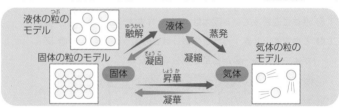

液体の粒のモデル
融解（ゆうかい） 液体 蒸発
固体の粒のモデル 凝固（ぎょうこ） 凝縮（しょうか）
固体 昇華（しょうか） 気体 気体の粒のモデル
凝華

すきま
水分子

✏️ **Check!**

氷は右のようにすきまが多くある構造になっているため，水よりも密度が小さい。

🐰 **知って おきたい**　固体，液体，気体をまとめて**物質の三態**という。

② 状態変化と体積・質量 ★★

同じ質量の物質でも状態が変化すると体積が変化する。

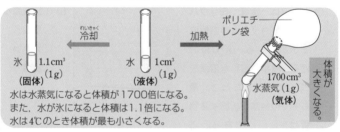

冷却（れいきゃく）
氷 1.1cm³（1g）（固体）
水 1cm³（1g）（液体）
加熱
ポリエチレン袋
1700cm³ 水蒸気（1g）（気体）
体積が大きくなる。

水は水蒸気になると体積が1700倍になる。
また，水が氷になると体積は1.1倍になる。
水は4℃のとき体積が最も小さくなる。

✏️ **Check!**

一般（いっぱん）に，固体→液体→気体の順に体積が大きくなる。

🐰 **知って おきたい**　一定量の物質を，固体，液体，気体と状態変化させたとき，体積は変化するが，**質量**は変化しない。

得点 UP! ● 状態変化と温度の関係をおさえよう。
● 沸点の違いによる蒸留のしかたを理解しよう。

③ 水の状態変化と温度 ★

❶ 融点…固体がとけて液体に変化
するときの温度。

❷ 沸点…液体が沸騰して気体にな
るときの温度。

氷から水へ，水から水蒸気へ
変化する間は温度が変化
しないんだね。

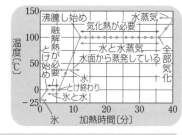

知って
おきたい 純粋な物質の沸点，融点は一定の値を示す。

テストで注意

Q 上のグラフで横軸と平行になっている
部分の温度を何というか，低いほう
からそれぞれ答えよ。 →→→ A 融点，沸点

④ 純粋な物質と混合物の沸点 ★★

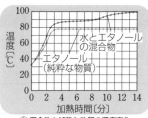
▲混合物と純粋な物質の温度変化

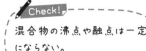
Check!
混合物の沸点や融点は一定
にならない。

❶ 純粋な物質…1種類の物質のみからできている物質。
　例 水，エタノール，酸素など

❷ 混合物…2種類以上の物質が混ざってできている物質。
　例 空気，食塩水，合金など

❸ 混合物の沸点や融点は一定にはならない。上の温度変化のグラフのよう
に，水平な部分がないグラフとなる。

⑤ 蒸留のしかた ★★

❶ 蒸留…液体を加熱して一度気体にし，それを冷却して再び液体にする方法を蒸留という。

❷ 蒸留の利用…混合物の液体では，それぞれの沸点が異なるため，蒸留によりそれぞれの物質に分けることができる。

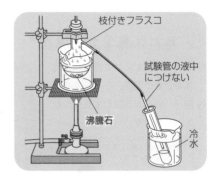

枝付きフラスコ

試験管の液中につけない

沸騰石

冷水

 丸暗記
沸騰石は，急に沸騰して液体が飛び出さないようにするため入れる。

 知っておきたい
液体を加熱して一度沸騰させて，出てくる気体を冷却して再び液体にして集める方法を蒸留という。

⑥ 主な物質の融点と沸点 ★

物質	融点[℃]	沸点[℃]	物質	融点[℃]	沸点[℃]
エタノール	−114.5	78.3	パラジクロロベンゼン	54.0	174.1
水銀	−38.8	356.7	アルミニウム	660.3	2519
水	0	100.0	鉄	1538	2862

 最重要事項暗記

乗船し　手を**ふって**
蒸留　　　　　沸点を利用

わかれゆく
分離する

蒸留では，沸点の違いを利用して物質を分離できる。

ボ〜
さようなら

☑ チェックテスト

解答

□ ❶ 物質が固体，液体，気体と姿を変えることを何というか。

❶ 状態変化

□ ❷ 水が氷になると，体積はふえるか，減るか。

❷ ふえる

□ ❸ 物質が状態変化をするとき，(①) は変化するが，(②) は変化しない。

❸ ①体積
②質量

□ ❹ 同じ質量の氷，水，水蒸気の体積を比べたとき，最も体積が大きいのはどの状態のときか。

❹ 水蒸気

□ ❺ 固体がとけて液体に変化するときの温度を何というか。

❺ 融点

□ ❻ 液体が沸騰して気体に変化するときの温度を何というか。

❻ 沸点

□ ❼ 1種類の物質のみからできている物質を何というか。

❼ 純粋な物質（純物質）

□ ❽ 2種類以上の物質が混ざってできている物質を何というか。

❽ 混合物

□ ❾ 空気，エタノール，炭酸水はそれぞれ❼と❽のどちらか。

❾ 空気−❽
エタノール−❼
炭酸水−❽

□ ❿ 複数の物質の混合物から，沸点の違いを利用して純粋な物質をとり出すことを何というか。

❿ 蒸留

□ ⓫ 液体を加熱するとき，急に沸騰して液体が飛び出すのを防ぐために入れるものは何か。

⓫ 沸騰石

□ ⓬ 矢印⑦〜⑰で示されている状態変化から以下の( ) にあてはまるものを記号で答えよ。
冷やしたときに起こる状態変化をすべて選ぶと(①) である。ドライアイスを空気中に放置したときに起こる状態変化は(②) である。

⓬ ①イ，ウ，カ
②エ

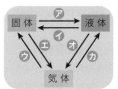

part 1 身近な物理現象
part 2 身のまわりの物質
part 3 生物の観察と共通点
part 4 大地の変化

📝 まとめテスト

月　　日

解答

- □ ❶ ガスバーナーを使うとき，空気調節ねじで炎の色を何色に調節するか。

  ❶ 青色

- □ ❷ 次の㋐～㋓を物質と物体に分けよ。

  ㋐ 鉄くぎ　㋑ 鉄　㋒ ガラス　㋓ コップ

  ❷ 物質－イ，ウ

  物体－ア，エ

- □ ❸ 有機物が燃えると発生する気体は何か。

  ❸ 二酸化炭素

- □ ❹ 食塩，ろう，鉄で金属はどれか。

  ❹ 鉄

- □ ❺ 物質1cm³あたりの質量を何というか。

  ❺ 密度

- □ ❻ 質量4.6g，体積5.0cm³の物体がある。この物体の密度を求めよ。

  ❻ 0.92 g/cm³

- □ ❼ ❻の物体は，水に浮くか，沈むか。

  ❼ 浮く

- □ ❽ 右の図の装置を組みたて，Bにうすい塩酸を，Aに石灰石を入れた。発生する気体は何か。

  ろうと管

  B

  A

  ❽ 二酸化炭素

- □ ❾ ❽のような気体の集め方を何というか。

  ❾ 下方置換法

- □ ❿ 右の図の装置を組みたてて酸素を発生させるためには，AとBに何を用いればよいか。

  B

  A

  ❿ A－二酸化マンガン

  B－過酸化水素水(オキシドール)

- □ ⓫ ❿のAは，自身は変化せず，反応をはやめるために入れる（　）である。

  ⓫ 触媒

- 記述 □ ⓬ ❿のような気体の集め方で集められる気体は，ある性質をもっていなければならない。ある性質とは何か。

  ⓬ 水に溶けにくい性質

- □ ⓭ 液体中に溶けている物質を(①　)といい，①を溶かしている液体を(②　)という。

  ⓭ ①溶質
  ②溶媒

- □ ⓮ 溶液の濃度を，溶質の質量が溶液全体の質量の何%にあたるかで表したものを何というか。

  ⓮ 質量パーセント濃度

- □ ⓯ 230gの水に，20gの塩化ナトリウムをすべて溶かした。この塩化ナトリウム水溶液の濃度を求めよ。

  ⓯ 8.0%

□ ⑯ 質量パーセント濃度12%の砂糖水が450gある。 ⑯ **54 g**
この水溶液中に含まれる砂糖は何gか。

□ ⑰ 塩化ナトリウム5gで質量パーセント濃度10%の ⑰ **45 g**
塩化ナトリウム水溶液をつくるとき，必要な水は何
gか。

□ ⑱ ある温度で，水100gに溶かすことができる物質の ⑱ **溶解度**
最大量を何というか。

□ ⑲ ろ過の方
法として
正しいの
は，右の
図の㋐〜
㋒のうちのどれか。

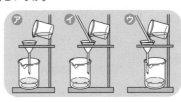

⑲ **イ**

□ ⑳ 固体の物質を加熱していくと，液体，気体と変化す ⑳ **状態変化**
る。この変化のことを何というか。

□ ㉑ 右の図のような方法
で，混合物から純粋
な物質をとり出す操
作を何というか。

㉑ **蒸留**

エタノールと
水の混合物
沸騰石
氷
水

□ ㉒ ㉑の装置で，はじめ ㉒ **エタノール**
に試験管の中にたまる液体に多く含まれているの
は，水とエタノールのどちらか。

□ ㉓ ㉑の操作は物質の何の違いを利用したものか。 ㉓ **沸点の違い**

□ ㉔ 右の図の装置で， ㉔ ①**水素**
鉄の小片が入った
三角フラスコに塩
酸を入れたところ，
気体の（①　）が
発生した。この気
体は空気より（②　）く，水にもほとんど溶けない。
このような気体の集め方を（③　）という。

②**軽**

③**水上置換
法**

ろうと管
水
鉄の
小片

13. 身のまわりの生物の観察

📎 図解チェック

① ルーペの使い方 ★★

丸暗記 ルーペを目に近づけて持ち、見るものを前後に動かす。または、ルーペを固定したまま、顔やからだ全体を前後に動かしてピントを合わせるようにする。

見るものを前後に動かす。

ルーペは固定したまま顔やからだを前後に動かす。

からだは動かさない

知っておきたい ルーペは目に近づけて使用する。

② プレパラートのつくり方 ★

❶ スライドガラスの上に、観察したいものをピンセットでのせる。

❷ その上にスポイトで水を1滴落とす。

❸ カバーガラスをかけるときは、ピンセットを使い、端からゆっくりと下げ、静かにカバーガラスをかける。

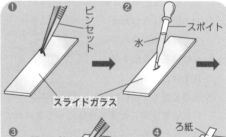

❶ ピンセット / スライドガラス
❷ スポイト / 水
❸ 柄つき針 / カバーガラス
❹ ろ紙

❹ カバーガラスからはみ出した水は、ろ紙で吸いとる。

テストで注意

Q カバーガラスをかけるときに、端からゆっくり下げるのはなぜか。 →→→ **A** （例）空気の泡を入れないため。

③ 顕微鏡のつくり ★★★

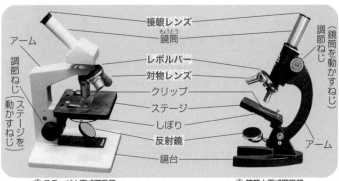

接眼レンズ
鏡筒
レボルバー
対物レンズ
クリップ
ステージ
しぼり
反射鏡
鏡台
アーム
調節ねじ（ステージを動かすねじ）
（鏡筒を動かすねじ）調節ねじ
アーム

▲ ステージ上下式顕微鏡　　▲ 鏡筒上下式顕微鏡

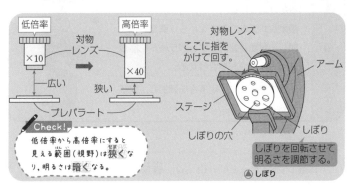

低倍率　×10　　高倍率　×40
対物レンズ
広い　　狭い
プレパラート

Check!
低倍率から高倍率にすると見える範囲（視野）は狭くなり、明るさは暗くなる。

対物レンズ
ここに指をかけて回す。
アーム
ステージ
しぼりの穴
しぼり

しぼりを回転させて明るさを調節する。

▲ しぼり

丸暗記 顕微鏡で見られる像とプレパラート…顕微鏡で見える像は、実際のプレパラートにあるものと上下左右が反対である。視野の右側にある像を中央に動かしたいときは、プレパラートを右に動かすようにする。（上下左右を逆に動かす。）

知っておきたい 倍率 ＝ 接眼レンズの倍率×対物レンズの倍率

④ 顕微鏡の使い方 ★★★

使い方を
覚えよう！

順序	顕微鏡の使い方と注意点	
①	顕微鏡は直射日光のあたらない明るい場所に置く。	
②	先に接眼レンズをとりつけ，次に，対物レンズをとりつける。 （レンズをはずすときは逆にする。）	②
③	レボルバーを動かして，対物レンズを最も低倍率にする。接眼レンズをのぞきながら，反射鏡の角度としぼりを調節し，視野を明るくする。	③ ④
④	プレパラートをステージにのせる。	
⑤	顕微鏡を横から見ながら，調節ねじを回して，対物レンズとプレパラートをできるだけ近づける。	⑤
⑥	接眼レンズをのぞきながら，調節ねじを回し，対物レンズとプレパラートを離しながら，ピントを合わせる。	⑥
⑦	しぼりを回して，明るさを調節し，観察する。	⑦

Check!

接眼レンズを先にとりつけるのは，鏡筒の中にホコリなどのゴミを入れないためである。

テストで注意

Q ピントを合わせるときに対物レンズとプレパラートを離しながら行うのはなぜか。

→→→

A （例）対物レンズとプレパラートがぶつかるのを防ぐため。

⑤ 双眼実体顕微鏡のつくり★★

双眼実体顕微鏡は，プレパラートをつくる必要がなく，観察物をそのまま10〜40倍で立体的に観察することができる。

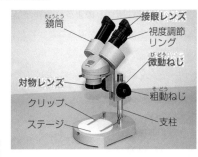

鏡筒（きょうとう）
接眼レンズ
視度調節リング
微動ねじ（びどう）
対物レンズ
粗動ねじ（そどう）
クリップ
ステージ
支柱

✏️ **Check!**
ステージは白い面と黒い面があり，観察しやすいほうを使う。

両目で観察するから立体的に見えるよ。

⑥ 双眼実体顕微鏡の使い方★

順序	図解	双眼実体顕微鏡の操作（そうさ）
①		両目でのぞきながら，左右の視野が1つに重なって立体的に見えるように鏡筒の間隔（かんかく）を調節する。
②		右目だけでのぞきながら，**粗動ねじ**をゆるめ，鏡筒を上下させておよそのピントを合わせる。その後，**微動ねじ（調節ねじ）**を回し，ピントを合わせる。
③		左目だけでのぞきながら，**視度調節リング**を左右に回して，ピントを合わせる。

⑦ 生物と環境 ★

校庭のどんな所にどのような生物がいるか観察すると，日あたりや湿り気によって生物の種類が違うことがわかる。

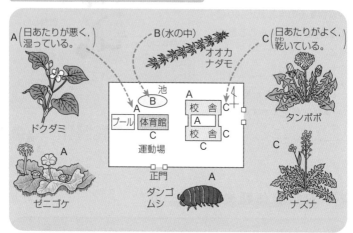

A（日あたりが悪く，湿っている。）

B（水の中）
オオカナダモ

C（日あたりがよく，乾いている。）

ドクダミ A

ゼニゴケ A

ダンゴムシ A

タンポポ C

ナズナ C

池
B
プール A 体育館
校舎 A C
校舎 C
C
運動場
正門

▲校庭の生物地図

Check!

校舎の南側は日あたりが良く，北側は日あたりが悪い。

知っておきたい　生物は生きていくために最も適した環境にすんでいる。

最重要事項
暗記

見える像
顕微鏡で見える像

上下左右が
上下左右

まるで逆
反対（逆）

動かしたい向き？
プレパラートを動かす向き？
まったく逆だ

顕微鏡の像は上下左右が逆に見える。像を右へ動かしたいときは，プレパラートを左に動かす。

☑チェックテスト

解答

□ ❶ 手に持った花を観察するときのルーペの正しい使い方を示した図は，⑦〜エのどれか。

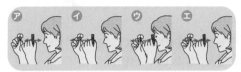

❶ ウ

□ ❷ 顕微鏡のレンズのうち，先にとりつけるものは何か。

❷ 接眼レンズ

□ ❸ 15倍の接眼レンズと40倍の対物レンズを組み合わせたときの倍率はいくらか。

❸ 600倍

□ ❹ 顕微鏡の倍率を上げると，①視野は広くなるか，狭くなるか。②視野は明るくなるか，暗くなるか。

❹ ①狭くなる
②暗くなる

□ ❺ 観察したいものが視野の左にあるとき，プレパラートをどの向きに動かせば，それが中央にくるか。

❺ 左

記述 □ ❻ 右の図のような双眼実体顕微鏡で観察するとき，接眼レンズをのぞきながら鏡筒の間隔を調節する必要がある。左右の視野がどうなるように調節すればよいか。

双眼実体顕微鏡　鏡筒

❻ (例)左右の視野が重なって1つに見えるようにする。

記述 □ ❼ プレパラートをつくるとき，カバーガラスを図のように端からゆっくりかけるのはなぜか。その理由を答えよ。

カバーガラス

❼ (例)空気の泡が入らないようにするため。

□ ❽ 顕微鏡の使い方で，適切でないものはどれか。

⑦ 反射鏡やしぼりで，明るさを調節する。

⑦ 直射日光のあたらない明るい場所で使う。

⑦ 最初は高倍率で観察する。

❽ ウ

□ ❾ 日あたりが良く，乾いた場所に見られる植物を次の⑦〜⑦から選べ。

⑦ タンポポ　　⑦ ドクダミ　　⑦ ゼニゴケ

❾ ア

右側タブ：
part 1 身近な物理現象
part 2 身のまわりの物質
part 3 生物の観察と共通点
part 4 大地の変化

14. 被子植物 と 裸子植物

図解チェック

① 種子植物の種類 ★★★

❶ 種子植物…花をつけ，種子をつくる植物のこと。種子をつくることでなかまをふやす。

種子植物は，被子植物と裸子植物に分類できる。

❷ 被子植物…胚珠が子房に包まれている植物。

❸ 裸子植物…子房がなく，胚珠がむき出しの植物。

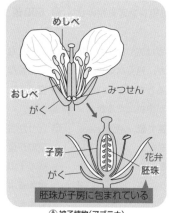

めしべ
おしべ
みつせん
がく
子房
がく
花弁
胚珠

胚珠が子房に包まれている

▲ 被子植物（アブラナ）

雌花
雌花
葉
りん片
胚珠
雄花

子房がなく胚珠がむき出し

▲ 裸子植物（マツ）

Check!

裸子植物には，マツ，イチョウ，ソテツ，スギなどがある。

テストで注意

Q 被子植物の胚珠を包んでいるものを何というか。

→ → → A 子房

知っておきたい

胚珠が子房に包まれている植物を被子植物といい，子房がなく，胚珠がむき出しの植物を裸子植物という。

得点 UP!
● 植物の分類名を覚えよう。
● どの植物がどの分類に含まれるかおさえておこう。

② 被子植物のからだの特徴 ★★★

いろんな違いがあるね。

丸暗記

被子植物は，双子葉類と単子葉類の2つに分類される。

❶ 双子葉類…子葉が2枚の植物。葉の葉脈は網状脈で，根は主根と側根をもつ。

❷ 単子葉類…子葉が1枚の植物。葉の葉脈は平行脈で，根はひげ根をもつ。

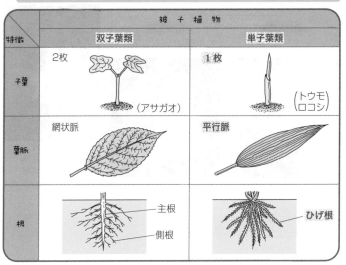

特徴	被子植物	
	双子葉類	単子葉類
子葉	2枚（アサガオ）	1枚（トウモロコシ）
葉脈	網状脈	平行脈
根	主根・側根	ひげ根

✎ Check!
双子葉類…アブラナ，サクラ，アサガオ，タンポポなど
単子葉類…トウモロコシ，イネ，ユリ，ツユクサなど

☞ テストで注意

Q ツユクサを観察すると，葉脈は平行脈で，根はひげ根であった。ツユクサは双子葉類と単子葉類のどちらに分類されるか。 →→→ A 単子葉類

③ 双子葉類の分類 ★★

双子葉類は，花弁のようすにより**離弁花類**と**合弁花類**の２つに分類される。

❶ 離弁花類…花弁が１枚ずつ離れている。

❷ 合弁花類…花弁が１つにくっついている。

被子植物
　　双子葉類　　　　　　　　　単子葉類

離弁花類　　　　　　合弁花類
花弁が１枚ずつ離れる。　花弁のもとが１つに
　　　　　　　　　　　くっついている。

⊛サクラ　　　　⊛ツツジ　　　⊛ササユリ
　　　　　　　　　　　　　　　そのほか，イネ・
　　　　　　　　　　　　　　　アヤメ・ススキ・
　　　　　　　　　　　　　　　などがある。

知って
おきたい　双子葉類は離弁花類と合弁花類に分類される。

最重要事項
暗記

種子 **らしく**
種子植物　裸子植物

必死に芽を出し
被子植物

そうして **誕**生
双子葉類　単子葉類

ガンバルー！
ファイト！

種子植物 ──┬─ 裸子植物
　　　　　　└─ 被子植物 ─┬─ 双子葉類
　　　　　　　　　　　　　└─ 単子葉類

☑ チェックテスト

解答

□ ❶ 花をつけ，種子をつくる植物のうち，胚珠がむき出しの植物の分類名を答えよ。

❶ 裸子植物

□ ❷ 花をつけ，種子をつくる植物のうち，胚珠が子房に包まれている植物の分類名を答えよ。

❷ 被子植物

□ ❸ 被子植物はさらに2つに分類することができる。それは何と何か。

❸ 双子葉類，単子葉類

□ ❹ 被子植物のうち，葉脈が平行脈であるものの分類名を答えよ。

❹ 単子葉類

□ ❺ 双子葉類のうち，花弁が1枚ずつ離れている植物の分類名を答えよ。

❺ 離弁花類

□ ❻ 双子葉類のうち，花弁が1つにくっついている植物の分類名を答えよ。

❻ 合弁花類

□ ❼ タンポポは，❺と❻のどちらに分類される植物か答えよ。

❼ ❻

□ ❽ 主根から枝分かれした根を何というか。

❽ 側根

□ ❾ 単子葉類はどのような根をもっているか。

❾ ひげ根

□ ❿ 種子植物において最初の芽を何というか。

❿ 子葉

□ ⓫ 下の図について，(　　)にあてはまる言葉や記号を答えよ。

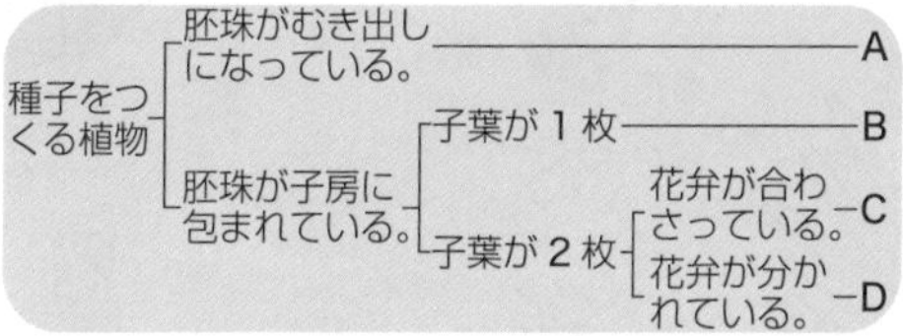

⓫ ①裸子

②被子

③ひげ根

④合弁花

⑤離弁花

⑥C

⑦D

⑧B

種子をつくる植物
├ 胚珠がむき出しになっている。 ————————— A
└ 胚珠が子房に包まれている。
　├ 子葉が1枚 ————— B
　└ 子葉が2枚 ┬ 花弁が合わさっている。—C
　　　　　　　└ 花弁が分かれている。—D

図のAを(①　　)植物といい，B・C・Dは(②　　)植物という。図のBの植物の根は(③　　)で，Cは，花のつき方から(④　　)類，Dは(⑤　　)類である。アサガオはA～Dのうち(⑥　　)に，サクラは(⑦　　)に，トウモロコシは(⑧　　)に属している。

15. 花のつくりと種子

📎 図解チェック

① 種子植物の種子のでき方 ★★

丸暗記

❶ 被子植物…おしべのやくから出た花粉がめしべの柱頭について受粉する。受粉後，子房は果実に，胚珠は種子になる。

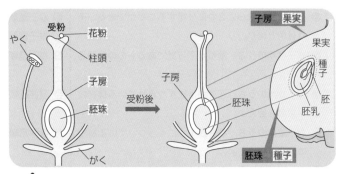

✏️ Check!
被子植物は，胚珠が子房に包まれている。

❷ 裸子植物…雄花の花粉のうから出た花粉が雌花の胚珠に直接ついて受粉する。受粉後，胚珠は種子になる。

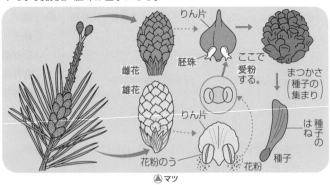

▲マツ

✏️ Check!
裸子植物は，胚珠がむき出しになっている。

得点 UP!
● 受粉から種子ができるまでの流れを確認しよう。
● 受粉後に子房，胚珠はどう変化するかおさえよう。

② 受粉のようすと，果実・種子への変化 ★★

順序	受粉 ～ 果実・種子へ	
①		おしべのやくの中でつくられた花粉は，昆虫(こんちゅう)や風によって運ばれて，めしべの柱頭につく。(受粉という。)
②		柱頭についた花粉は，細い管(花粉管という)を胚珠(はいしゅ)に向かって伸ばしはじめる。
③		花粉管の先端(せんたん)が子房(しぼう)の中の胚珠に到達(とうたつ)すると，花粉管の中のものと胚珠の中のものがいっしょになる。(受精という。)
④		やがて，子房は成長・成熟して果実となり，胚珠は種子となる。 Check! 胚珠→種子／子房→果実

図中のラベル：
① 花粉，柱頭
② 花粉管，胚珠
③ 子房
④ 果実，種子

③ 種子のつくり ★

胚軸（発芽のとき子葉を支える茎になる。）
幼根（成長して根になる。）
胚（発芽して葉・茎・根になる。）
種皮（種子の内部を保護）
子葉（発芽して最初に出る葉になる。）
胚乳（胚の栄養分を蓄(たくわ)え，発芽のときに使われる。）

▲カキの種子の断面

右端のタブ：
part 1 身近な物理現象
part 2 身のまわりの物質
part 3 生物の種類と共通点
part 4 大地の変化

15 │ 花のつくりと種子 │ 67

④ 花粉や種子の運ばれ方 ★

❶ 花粉の運ばれ方…植物は受粉するために花粉をさまざまな方法で運ぶ。

- **虫媒花**…虫によって花粉が運ばれる植物。
- **風媒花**…風によって花粉が運ばれる植物。
- **水媒花**…水によって花粉が運ばれる植物。
- **鳥媒花**…鳥によって花粉が運ばれる植物。

> 風に運ばれる花粉は
> 花粉症の原因になる
> ことがあるよ。

❷ 種子の運ばれ方…植物は生息範囲を広げるために種子をさまざまな方法で運ぶ。

●風によって移動
例 タンポポ，マツ・カエデなど。

▲タンポポ

●動物に付着して移動
例 アメリカセンダングサ，オナモミなど。

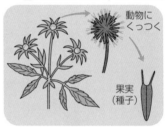

▲アメリカセンダングサ

●動物に食べられて移動
例 カキ・ナシ・カシ・シイなど。

●水によって移動
例 メヒルギ・ココヤシなど。

●はじけて飛ぶことで移動
例 ホウセンカ，フジなど。

最重要事項 暗記

肺は 脂肪は実だよ
胚珠→　種子　　子房→　果実
よく似てる

受粉後，やがて胚珠は種子に，
子房は果実になる。

たねと似てる
実に
似てる
プニ

---

68 | part3 | 生物の種類と共通点

☑ チェックテスト

□ ❶ 右の図はタンポポの花のスケッチである。①〜③の各部の名称を答えよ。

□ ❷ 花のめしべの先端部を何というか。

□ ❸ おしべの先にある花粉の入った袋状のものを何というか。

□ ❹ 次のうち，被子植物をすべて選べ。

    ⑦ エンドウ　　④ マツ　　⑦ サクラ

    ④ イヌワラビ　　⑦ スギ　　⑦ アブラナ

□ ❺ マツやイチョウ，ソテツなどの植物をまとめて何というか。

□ ❻ 胚の栄養分で，発芽のときに使われるものを何というか。

□ ❼ 右の図は，マツの雌花と雄花を示したものである。図の①と②の名称を答えよ。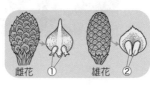

雌花　①　　　雄花　②

□ ❽ ❼について，受粉後，種子になるのは①，②のどちらか。

□ ❾ 虫によって花粉が運ばれる花を何というか。

□ ❿ 右の図のような花について書かれた文章を読み，（　）にあてはまる言葉を答えよ。

（①　）はおしべのやくでつくられ，めしべの柱頭につくことで（②　）する。その後，子房は成長して（③　）となり，胚珠は（④　）になる。

解答

❶ ①花弁

  ②めしべ

  ③おしべ

❷ 柱頭

❸ やく

❹ ア，ウ，カ

❺ 裸子植物

❻ 胚乳

❼ ①胚珠

  ②花粉のう

❽ ①

❾ 虫媒花

❿ ①花粉

  ②受粉

  ③果実

  ④種子

16. 種子をつくらない植物

📎 図解チェック

① シダ植物のつくりとふえ方 ★★★

丸暗記 　シダ植物，コケ植物は種子ではなく胞子でふえる。

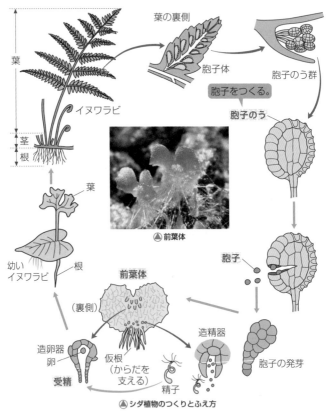

葉の裏側

胞子体

胞子のう群

胞子をつくる。

胞子のう

▲前葉体

胞子

葉

イヌワラビ

茎
根

葉

幼い
イヌワラビ

根

前葉体

（裏側）

造卵器
卵

仮根
（からだを
支える）

造精器

精子

胞子の発芽

受精

▲シダ植物のつくりとふえ方

知って
おきたい
　シダ植物は，根・茎・葉の区別があり，胞子でふえる。
種子植物と同じように，光合成を行う。

● シダ植物とコケ植物の違いをおさえておこう。
● シダ植物，コケ植物のふえ方を確認しよう。

② コケ植物のつくりとふえ方 ★★

シダ植物との違いに
注意しようね。

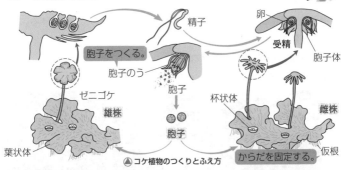

▲コケ植物のつくりとふえ方

知って
おきたい
コケ植物は，雄株・雌株の区別があり，胞子でふえる。
根・茎・葉の区別がない。光合成を行う。

テストで注意

Q シダ植物とコケ植物
の違いは何か。 → → → A （例）シダ植物には根・茎・葉の区別
があるが，コケ植物にはない。

③ 植物のなかま分けのまとめ ★★

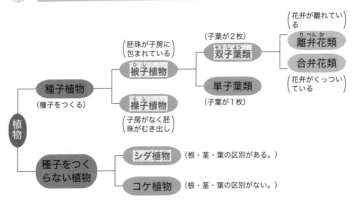

| 16 | 種子をつくらない植物 | 71

④ 藻類 ★

　植物には属していないが，主に水中で生活して，光合成を行う生物を藻類という。藻類には，根・茎・葉の区別はない。海藻のなかまや，海や淡水にすむケイソウのなかまなど，多くの生物が分類される。

● 海藻…多くは胞子でふえ，仮根によって岩などにからだを固定する。
　● 緑藻類…アオノリやアオサなど。
　● 褐藻類…マコンブやワカメなど。
　● 紅藻類…アサクサノリやテングサなど。

▲緑藻類(アオサ)

▲褐藻類(コンブ)

▲紅藻類(ピリヒバ)

② その他の藻類…ケイソウのなかまやアオミドロ，ミカヅキモなど多くの生物が藻類に含まれる。

▲フナガタケイソウ

▲アオミドロ

▲ミカヅキモ

知っておきたい

海藻は植物には含まれない，別のなかまである。

最重要事項 暗記

コケ・シダは
コケ植物・シダ植物

種なく胞子でふえていく
種子をつくらず胞子でふえる

胞子　それ！
ふえろふえろ〜

コケ・シダ植物は胞子でふえる。

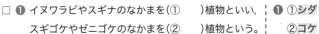

解答

□ ❶ イヌワラビやスギナのなかまを（①　　　）植物といい，スギゴケやゼニゴケのなかまを（②　　　）植物という。

❶ ①シダ
　②コケ

□ ❷ ❶の植物も葉緑体をもっていて，（①　　　）を行って生活しており，種子のかわりに（②　　　）をつくってなかまをふやす。

❷ ①光合成
　②胞子

□ ❸ 根・茎・葉の区別があるのは，シダ植物とコケ植物のどちらか。

❸ シダ植物

□ ❹ コケ植物は，どこから水分をとり入れるか。

❹ からだ全体

□ ❺ ゼニゴケの胞子のうがあるのは，雄株と雌株のどちらか。

❺ 雌株

□ ❻ 次の植物を，①被子植物と②裸子植物に分け，記号で答えよ。
　㋐ サクラ　　㋑ マツ　　㋒ アブラナ
　㋓ イネ　　㋔ ソテツ　　㋕ イチョウ

❻ ①ア，ウ，エ
　②イ，オ，カ

□ ❼ 次の植物を，①双子葉類と②単子葉類に分け，記号で答えよ。
　㋐ ユリ　　㋑ ナズナ　　㋒ スズメノカタビラ
　㋓ タンポポ　　㋔ ホウセンカ　　㋕ イネ

❼ ①イ，エ，オ
　②ア，ウ，カ

□ ❽ 次の植物のうち，種子をつくらない植物をすべて選び，記号で答えよ。
　㋐ ヒマワリ　　㋑ スギゴケ　　㋒ スギ
　㋓ エンドウ　　㋔ ワラビ　　㋕ スミレ

❽ イ，オ

□ ❾ 図はイヌワラビのスケッチである。図のAは（①　　　）で，Bは（②　　　）である。Bは，イヌワラビの葉の（③　　　）側にできる。またイヌワラビには，根・茎・葉の区別が（④　　　）。

胞子

❾ ①茎
　②胞子のう
　③裏
　④ある

□ ❿ 海藻やケイソウは（　　　）に分類される。

❿ 藻類

17. セキツイ動物のなかま

📎 図解チェック

① 魚類のからだのつくり ★★

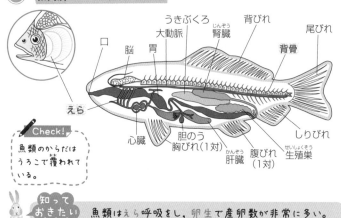

口　脳　胃　大動脈　うきぶくろ　腎臓　背びれ　尾びれ　背骨

えら

心臓　胆のう　胸びれ(1対)　肝臓　腹びれ(1対)　生殖巣　しりびれ

✏️ Check!
魚類のからだは
うろこで覆われて
いる。

🐰 知って
おきたい　魚類はえら呼吸をし，卵生で産卵数が非常に多い。

② 両生類のからだのつくり ★★★

❶ イモリ(有尾類)

❷ カエル(無尾類)

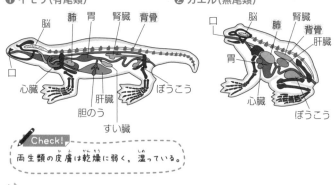

脳　肺　胃　腎臓　背骨

口

心臓　肝臓　すい臓　ぼうこう

胆のう

口　脳　肺　腎臓　背骨　肝臓

胃

心臓　ぼうこう

✏️ Check!
両生類の皮膚は乾燥に弱く，湿っている。

🐰 知って
おきたい　両生類は，子は水中でえら呼吸と皮膚呼吸をし，親
は肺呼吸と皮膚呼吸をする。

● セキツイ動物のそれぞれの特徴をおさえておく。
● 草食動物と肉食動物のからだのちがいを確認する。

③ ハ虫類と鳥類のからだのつくり★★

❶ ハ虫類

❷ 鳥類

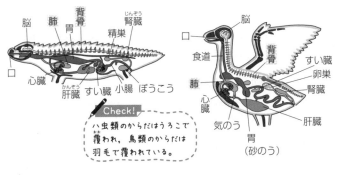

Check!
ハ虫類のからだはうろこで覆われ、鳥類のからだは羽毛で覆われている。

知っておきたい
ハ虫類、鳥類ともに肺呼吸をする。それぞれともに体内受精により殻のある卵を産む。

④ ホ乳類のからだのつくり★★

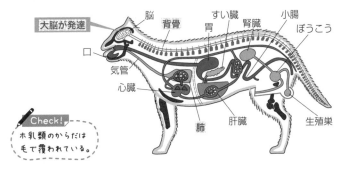

Check!
ホ乳類のからだは毛で覆われている。

知っておきたい
ホ乳類は肺呼吸をする。生まれ方は、子が親の体内である程度育ってから生まれる胎生である。

⑤ 草食動物と肉食動物 ★★

丸暗記 ❶ 肉食動物…歯は，えものをしとめるために犬歯が発達している。目は，えものまでの距離がはかれるように前向きについている。

門歯
犬歯
臼歯

肉食動物(ライオン)の歯　草食動物(シマウマ)の歯

それぞれの食べ物や生活のしかたに合ったからだをしているんだ。

❷ 草食動物…歯は，草を食べるために門歯と臼歯が発達している。目は，敵を見つけやすいように横向きについている。

⑥ セキツイ動物の特徴 ★★★

分類	魚類	両生類	ハ虫類	鳥類	ホ乳類
主な生活場所	水中	子→水中 親→陸上	陸上		
ふえ方	卵生(殻のない卵)		卵生(殻のある卵)		胎生
呼吸	えら	子→えら,皮膚 親→肺,皮膚	肺		
体温	変温(周囲の気温によって 体温が変化する)			恒温(体温が一定に 保たれる)	
体表	うろこ	湿った皮膚	うろこ	羽毛	毛
例	フナ イワシ	カエル イモリ	カメ ヤモリ	ワシ スズメ	サル クジラ

テストで注意

Q セキツイ動物の特徴は何か。　→→→　**A** 背骨をもっている。

最重要事項
暗記

魚屋さん　両手で
魚類　　　両生類

虫　取り　ホッとする
ハ虫類　鳥類　ホ乳類

セキツイ動物は，魚類，両生類，ハ虫類，鳥類，ホ乳類

part
1
((·)) 身近な
物理現象

part
2
身のまわり
の物質

part
3
生物の種類
と共通点

part
4
⑥ 大地の
変化

☑チェックテスト

解答

□ ❶ 動物のうち,背骨をもつなかまを何というか。

□ ❷ ❶の動物とは異なり,背骨をもたないなかまを何というか。

□ ❸ 体温が一定に保たれる動物を(①   ),周囲の気温によって変化する動物を(②   )という。

□ ❹ 体温が周囲の気温によって変化しないセキツイ動物のなかまをすべて答えよ。

□ ❺ 殻(から)のある卵を産むのは鳥類と何か。

□ ❻ 子はえらと皮膚(ひ ふ)で,親は肺と皮膚で呼吸するなかまは何か。

□ ❼ 魚類の呼吸方法は何か。

□ ❽ 親が卵をあたためてかえし,えさを与(あた)えて育てるなかまは何か。

□ ❾ 目が前向きについているため,立体的に見える範囲(はん い)が広いのは肉食動物と草食動物のどちらか。

□ ❿ 門歯や臼歯(きゅう し)が発達しているのは肉食動物と草食動物のどちらか。

□ ⓫ 次の⑦〜⑳の動物について,あとの問いに答えなさい。

　⑦ トカゲ　　⑦ シマウマ　　⑦ メダカ

　⑦ カメ　　　⑦ ライオン　　⑦ カラス

　①陸上に殻のある卵を産む動物を,⑦〜⑳からすべて選べ。

　②①の卵についての次の文を完成させよ。
　　殻があることで(　　)を防ぐことができる。

　③まわりの温度が変化しても体温をほぼ一定に保てる動物を,⑦〜⑳からすべて選べ。

　④ホ乳類に分類され,犬歯が発達している動物を,⑦〜⑳から選べ。

❶ セキツイ動物

❷ 無セキツイ動物

❸ ①恒温動物(こうおん)
　②変温動物

❹ 鳥類,ホ乳類

❺ ハ虫類

❻ 両生類

❼ えら呼吸

❽ 鳥類

❾ 肉食動物

❿ 草食動物

⓫ ①ア,エ,カ
　②乾燥(かんそう)
　③イ,オ,カ
　④オ

18. 無セキツイ動物のなかま

図解チェック

① 節足動物のなかま ★★

外骨格をもち，からだが多くの節からできている動物を節足動物という。

❶ 昆虫類…からだが頭部・胸部・腹部の3つに分かれている。

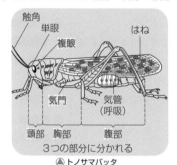

▲ トノサマバッタ

触角
単眼
複眼
はね
気門
気管
（呼吸）
頭部　胸部　腹部
3つの部分に分かれる

Check!

はねはふつう4枚だが，2枚の
もの，ないものもある。
● 2枚のもの…ハエ・アブ・カ
のなかま
● ないもの…ノミ・シラミ・
シミ・アリなど

知って
おきたい
昆虫類は，脱皮をくり返して成長する。胸部に3対
のあしと2対のはねがついている。

❷ 甲殻類…水中で生活し，えら呼吸をするものが多い。

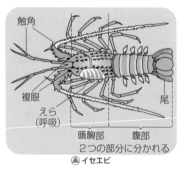

▲ イセエビ

触角
複眼
えら
（呼吸）
尾
頭胸部　腹部
2つの部分に分かれる

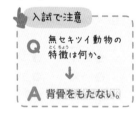
入試で注意

Q 無セキツイ動物の
特徴は何か。
↓
A 背骨をもたない。

知って
おきたい
甲殻類は，昆虫類と同じような成長のしかたをする。
呼吸はえらで行うものが多い。

得点 **UP!**
- 無セキツイ動物の種類を確認しておこう。
- 節足動物，軟体動物の特徴をおさえておこう。

② 軟体動物のなかま ★★

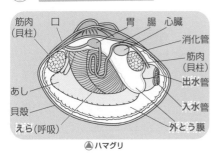

筋肉（貝柱）　口　胃　腸　心臓　消化管　筋肉（貝柱）　出水管　入水管　外とう膜　あし　貝殻　えら（呼吸）

▲ハマグリ

📝 **Check!**

アサリなどの二枚貝，サザエなどの巻貝のようにからだを包むかたい殻をもったものと，イカやタコなどのように殻をもたないものがある。

知っておきたい　内臓を覆う外とう膜におおわれ，えら呼吸（水生）や，肺呼吸（陸生）をする。

③ 節足動物や軟体動物以外の無セキツイ動物 ★

節足動物や軟体動物以外の無セキツイ動物には，ミミズやゴカイなどの**環形動物**，ウニやヒトデなどの**キョク皮動物**，イソギンチャクやサンゴなどの**刺胞動物**，海綿（**カイメン**）**動物**などがある。

❶ **環形動物**…からだがやわらかく多くの環に分かれている。

❷ **キョク皮動物**…からだが放射状である。

❸ **刺胞動物**…からだがつぼ状で刺胞とよばれる毒針をもつ。

❹ **海綿動物**…からだに大きな空洞があり，神経や消化管がない。

ミミズ（環形動物）　ヒトデ（キョク皮動物）　イソギンチャク（刺胞動物）　カイメン（海綿動物）

④ 動物の分類 ★★

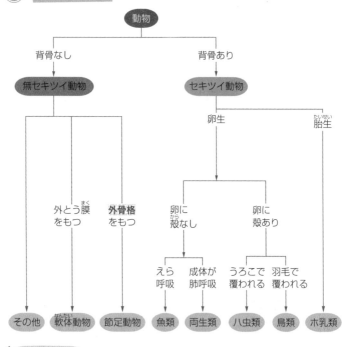

```
                            動物
              ┌──────────────┴──────────────┐
           背骨なし                        背骨あり
              │                              │
         無セキツイ動物                    セキツイ動物
    ┌─────┬────┴────┐              ┌────────┴────────┐
    │     │         │            卵生                胎生
    │  外とう膜    外骨格      ┌───┴───┐                │
    │  をもつ     をもつ    卵に      卵に            │
    │     │         │      殻なし     殻あり           │
    │     │         │    ┌──┴──┐   ┌──┴──┐          │
    │     │         │   えら  成体が うろこで 羽毛で    │
    │     │         │   呼吸  肺呼吸 覆われる 覆われる   │
    │     │         │    │     │     │     │        │
  その他 軟体動物  節足動物  魚類  両生類  ハ虫類  鳥類  木乳類
```

テストで注意

Q 動物を大きく2つに分けるときに、分類の基準となるものは何か。 →→→ **A** 背骨の有無。

最重要事項 暗記

昆虫 と 甲殻類 には
昆虫類　　甲殻類

足に節
節足動物

足の節
見てよ！

いいねえ

節足動物には、昆虫類、甲殻類が含まれる。

☑ チェックテスト

解答

□ ❶ 動物は，背骨をもつ（①　　）動物と，背骨をもたない（②　　）動物に大別される。

□ ❷ 昆虫類や甲殻類は（①　　）をもち，その幼生は（②　　）をくり返して成体に成長する。

□ ❸ 昆虫類のからだは頭部，胸部，（①　　）の3つに分かれており，あしやはねはすべて（②　　）についている。

□ ❹ 気管によって呼吸をするなかまは何か。

□ ❺ 昆虫類や甲殻類のようにからだが多くの節からできている動物を何とよぶか。

□ ❻ ハマグリは（①　　）でからだ全体が覆われており，（②　　）呼吸をする。

□ ❼ からだがやわらかく，環状の体節に分かれている動物のなかまは何か。

□ ❽ 二枚貝のなかまやタコやイカなどの，外とう膜をもつ動物を何というか。

□ ❾ ヒトデなどの，からだが放射状の動物を何というか。

□ ❿ イソギンチャクなどの，からだがつぼ状で毒針をもつ動物を何というか。

□ ⓫ 右の図の動物を以下の基準に従って分けよ。

①セキツイ動物にあてはまる動物を答えよ。

②軟体動物にあてはまる動物を答えよ。

③節足動物のうち，昆虫類にあてはまる動物を図から2つ答えよ。

④③の動物がもつ骨格を何というか。

❶ ①セキツイ
②無セキツイ

❷ ①外骨格
②脱皮

❸ ①腹部
②胸部

❹ 昆虫類

❺ 節足動物

❻ ①外とう膜
②えら

❼ 環形動物

❽ 軟体動物

❾ キョク皮動物

❿ 刺胞動物

⓫ ①カエル
②マイマイ
③バッタ，
アリ
④外骨格

part 1 身近な物理現象

part 2 身のまわりの物質

part 3 生物の種類と共通点

part 4 大地の変化

18 無セキツイ動物のなかま　81

📝 まとめテスト

解答

□ ❶ 顕微鏡の正しい操作を，次の㋐〜㋓を並べかえて示せ。

　㋐ 対物レンズを低倍率にして，反射鏡としぼりを動かし，視野を明るくする。

　㋑ 水平で，直射日光のあたらない明るい場所に置く。

　㋒ プレパラートをのせ，ピントを合わせる。

　㋓ 接眼レンズをつけたあと，対物レンズをとりつける。

❶ イ→エ→ア→ウ

□ ❷ 顕微鏡の倍率を上げると，視野は（①　　）く，明るさは（②　　）くなる。

❷ ①狭　②暗

□ ❸ アブラナやエンドウ，タンポポなどは，（①　　）が（②　　）に包まれており，被子植物である。

❸ ①胚珠　②子房

□ ❹ マツやイチョウのなかまは，胚珠がむき出しである。このような植物を何植物というか。

❹ 裸子植物

□ ❺ めしべの（①　　）に花粉がつくことを（②　　）という。

❺ ①柱頭　②受粉

□ ❻ ❺のあとに，種子になる部分を何というか。

❻ 胚珠

□ ❼ ❺のあとに，果実になる部分を何というか。

❼ 子房

□ ❽ イネのように，子葉が1枚のなかまを何というか。

❽ 単子葉類

□ ❾ ❽の植物は，何とよばれる根をもっているか。

❾ ひげ根

□ ❿ アブラナのように，子葉が2枚のなかまを何というか。

❿ 双子葉類

□ ⓫ ❿の植物は，何とよばれる葉脈をしているか。

⓫ 網状脈

□ ⓬ アサガオのように，花弁がくっついている植物を何というか。

⓬ 合弁花類

□ ⓭ シダ植物やコケ植物は，種子をつくらずに（　　）をつくってふえる。

⓭ 胞子

□ ⓮ ⓭がつくられる袋をなんとよぶか。

⓮ 胞子のう

□ ⓯ 根・茎・葉の区別があるのは，シダ植物とコケ植物のどちらか。

⓯ シダ植物

□ ⑯ 下の図1はマツの枝と花，図2はサクラの花のつくりを示したものである。

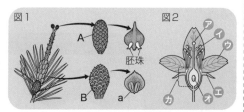

図1　図2

A　B　胚珠　a

ア　イ　ウ　Q　カ　オ　エ

A，Bのうち，マツの雄花は(① 　　)である。aは(② 　　)である。aは，サクラではア～カのうち，(③ 　　)の部分にあたる。また，ア～カのうち，成長すると果実になる部分は(④ 　　)である。

□ ⑰ 被子植物は子葉の枚数によって(① 　　)と(② 　　)に分類できるが，さらに①は花弁の状態によって合弁花類と(③ 　　)に分類される。

□ ⑱ 肉食動物は(① 　　)歯が，草食動物は門歯や(② 　　)歯が発達している。

□ ⑲ 動物は，背骨の有無によって背骨がある(① 　　)動物と背骨のない(② 　　)動物に大別できる。

□ ⑳ セキツイ動物は魚類・(① 　　)・ハ虫類・鳥類・(② 　　)に分類される。

□ ㉑ 鳥類とホ乳類は，まわりの温度の変化に関わらず体温をほぼ一定に保つことができる。このような動物を何というか。

□ ㉒ 陸上に殻のある卵を産むのは，鳥類と何類か。

□ ㉓ 一生を通じて肺呼吸をし，うろこに覆われた皮膚をもつのは何類か。

□ ㉔ 外骨格をもつ動物を何というか。

□ ㉕ イカやアサリなどがもつ，内臓を保護している膜を何というか。

□ ㉖ ㉕の膜をもつ動物を何というか。

⑯ ①B
　②花粉のう
　③イ
　④カ

⑰ ①双子葉類
　②単子葉類
　③離弁花類

⑱ ①犬
　②臼

⑲ ①セキツイ
　②無セキツイ

⑳ ①両生類
　②ホ乳類
　（順不同）

㉑ 恒温動物

㉒ ハ虫類

㉓ ハ虫類

㉔ 節足動物

㉕ 外とう膜

㉖ 軟体動物

part 4

大地の変化

19. 火山の活動とマグマ

📎 図解チェック

1 火山とマグマ ★

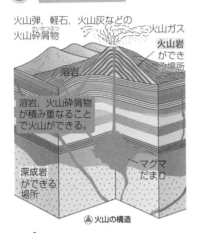

火山弾，軽石，火山灰などの
火山砕屑物

火山ガス

火山岩ができる場所

溶岩

溶岩，火山砕屑物が積み重なることで火山ができる。

深成岩ができる場所

マグマだまり

▲火山の構造

火山の形と種類		色	粘りけ
傾斜のゆるやかな形	キラウエア	黒っぽい	弱い
円錐の形	桜島	↕	↕
ドーム状の形	昭和新山 有珠山	白っぽい	強い

▲火山の形と溶岩の性質

Check!
マグマの粘りけが弱いと，平らな形の火山になる。

2 火成岩（火山岩と深成岩）★★

マグマの冷え方で組織が変わるんだね。

石基

斑晶

斑状組織
▲火山岩（安山岩）

結晶が大きい。

等粒状組織
▲深成岩（花こう岩）

Check!
マグマが冷え固まってできた岩石を火成岩という。

知っておきたい　火山岩はマグマが地表や地表近くで急に冷え固まってでき，深成岩はマグマが地下深い所でゆっくり冷え固まってできる。

得点 UP!
- 火山の形とマグマの粘りけの関係を理解しよう。
- 火成岩の種類とでき方を確かめよう。

③ 火成岩の種類と特徴 ★★★

火成岩	深成岩	等粒状組織	花こう岩	閃緑岩	斑れい岩
	火山岩	斑状組織	流紋岩	安山岩	玄武岩

主な鉱物の種類と割合〔体積％〕

セキエイ		
	チョウ石	
		カクセン石
クロウンモ		キ石
		その他の鉱物
		カンラン石

80 / 60 / 40 / 20

見かけの色　白っぽい ← → 黒っぽい

知っておきたい

セキエイ，チョウ石は無色鉱物，クロウンモ，カクセン石，キ石，カンラン石は有色鉱物である。無色鉱物の割合が多い火成岩は白っぽく，有色鉱物の割合が多い火成岩は黒っぽい。

part 1 身近な物理現象
part 2 身のまわりの物質
part 3 生物の観察と共通点
part 4 大地の変化

丸暗記
火成岩には，ふつう色や形のちがう粒が何種類か含まれている。これらの粒のうち，結晶となったものを鉱物という。

鉱物	結晶	特徴	
セキエイ		ガラスの割れ口のような割れ口。断面の形は六角形または丸い形。無色，白色，ガラスよりかたい。	無色鉱物
チョウ石		割れ口は平らで，光を反射して光る。断面の形は長方形状。白色やうす桃色，セキエイよりやわらかい。	
クロウンモ		六角板状で，うすくはがれる。黒色または黒緑色。	有色鉱物
カクセン石		細長い柱状で，断面はひし形に近い六角形。暗褐色または暗緑色。	
キ石		短い柱状の形で，断面は正方形に近い形。暗褐色または暗緑色。	
カンラン石		小さい粒状の形で，不規則に割れる。黄緑色や褐色。	

最重要事項暗記

新 幹 線 は
深成岩　花こう岩　閃緑岩　斑れい岩

か り 上 げ
火山岩　流紋岩　安山岩　玄武岩

深成岩：花こう岩，閃緑岩，斑れい岩
火山岩：流紋岩，安山岩，玄武岩

リニアっちサンキュ

ヤベ，刈り上げ～がっこいいっス

←0系

リニア

part
1
(ψ)
身近な
物理現象

part
2
身のまわ
りの物質

part
3
生物の種類
と共通点

part
4
大地の
変化
❻

✅ チェックテスト

解答

□ ❶ 地下深くにあって，火山の噴出物をつくり出すどろ
  どろにとけた高温の物質を何というか。
  ❶ マグマ

□ ❷ 火山ガスの主な成分は何か。
  ❷ 水蒸気

□ ❸ 傾斜のゆるやかな火山を形成したマグマの粘りけ
  は，ドーム状の形の火山を形成したマグマの粘りけ
  と比べて，強いと考えられるか，弱いと考えられる
  か。
  ❸ 弱い

□ ❹ ❸のような傾斜のゆるやかな火山のマグマからでき
  る火山灰の色は，白っぽいか，黒っぽいか。
  ❹ 黒っぽい

□ ❺ マグマが冷えて固まってできた岩石を何というか。
  ❺ 火成岩

□ ❻ マグマが地表または地表近くで，急に冷えて固まっ
  た岩石を何というか。
  ❻ 火山岩

□ ❼ マグマが地下深い所で，ゆっくりと冷えて固まった
  岩石を何というか。
  ❼ 深成岩

□ ❽ ❻の岩石に見られる特徴的な組織を何というか。
  ❽ 斑状組織

□ ❾ ❼の岩石に見られる特徴的な組織を何というか。
  ❾ 等粒状組織

□ ❿ 火成岩をつくっている，色や形の異なる粒を何とい
  うか。
  ❿ 鉱物

□ ⓫ どの火成岩にも共通して含まれている鉱物は何か。
  ⓫ チョウ石

□ ⓬ うすくはがれる特徴をもつ，黒色～黒緑色の鉱物は
  何か。
  ⓬ クロウンモ

□ ⓭ 図は，2種類の火成岩を
  示している。図1のA
  の部分を（①　　）とい
  い，Bの部分を（②　　）
  という。図1と図2の火
  成岩では，（③　　）が地下深くでできたと考えられ
  る。

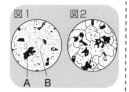

図1　図2

A B

  ⓭ ①斑晶
    ②石基
    ③図2

大地の変化

20. 地震とそのゆれ

📎 図解チェック

① 震源と震央 ★

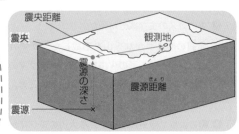

震央距離
震央
観測地
震源の深さ
震源距離
震源

✏️ **Check!**

地震の発生場所を震源といい，震源の真上の地表を震央とよぶ。

知っておきたい 地震のゆれは，震央を中心に同心円状に伝わる。

② 地震のゆれ ★★

2種類の波が発生するんだ！

❶ 初期微動…P波によって起こる，はじめに伝わる小さなゆれのこと。

❷ 主要動…S波によって起こる，あとから伝わる大きなゆれのこと。

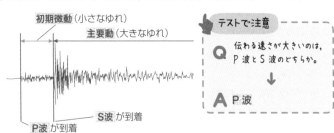

初期微動（小さなゆれ）
主要動（大きなゆれ）
S波が到着
P波が到着

☝️ **テストで注意**

Q 伝わる速さが大きいのは，P波とS波のどちらか。
↓
A P波

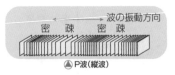

波の振動方向
密 疎 密 疎
▲P波（縦波）

ねじれ 波の振動方向
▲S波（横波）

知っておきたい 初めにP波による初期微動が伝わり，あとからS波による主要動が伝わる。

得点 UP!
● 初期微動継続時間と震源からの距離関係について理解しよう。
● 震度とマグニチュードの違いを確認しよう。

③ 初期微動継続時間と震源距離 ★★★

丸暗記 初期微動継続時間…P波が到着してからS波が到着するまでの時間のこと。

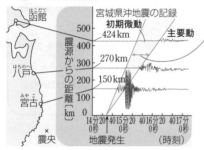

宮城県沖地震の記録

Check!
S波の伝わる速さがP波よりおそいため、震源から離れるほど初期微動継続時間が長くなる。

知っておきたい 初期微動継続時間は、震源からの距離に比例する。

④ 日本付近のプレートと震源の分布 ★

日本付近には4枚のプレートがあり、大陸プレートの下に海洋プレートが沈みこんでいる。このプレートの運動により地震が発生すると考えられている。

Check!
地震の発生場所は2つのプレートが接する所と考えられている。震源は日本海溝側では浅く、大陸側にいくほど深くなる。

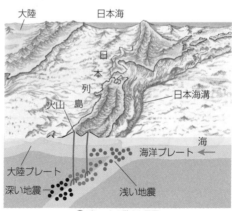

▲プレートの動きと震源

⑤ 地震の大きさ ★

丸暗記 ❶ 震度とマグニチュード…地震の大きさを，観測地点でのゆれの強さの程度で示す階級を震度といい，地震のもつエネルギーの大きさを表す尺度をマグニチュードという。

震　度	観測地点におけるゆれの強さを震度計の観測結果に基づいて表す。0〜7の**10段階（階級）**で示す。
マグニチュード	地震そのもののエネルギーの大きさを表す。記号はM。Mが1大きくなるとエネルギーは約32倍になり，2大きくなると1000倍になる。

❷ 震度階級…10段階に分けられている。

階級	0	1	2	3	4	5弱	5強	6弱	6強	7

☑ チェックテスト

解答

□ ❶ 地震の発生した地点を何というか。

□ ❷ ❶の真上の地点を何というか。

□ ❸ 観測地点に先に到着する地震波を何というか。

□ ❹ 観測地点にあとで到着する地震波を何というか。

□ ❺ P波が起こすゆれを何というか。

□ ❻ S波が起こすゆれを何というか。

□ ❼ P波が到着してからS波が到着するまでの時間を何というか。

□ ❽ ❼と，震源からの距離にはどのような関係があるか。

□ ❾ 地震そのもののエネルギーの大きさを表す尺度を何というか。

□ ❿ ❾の数値が2大きくなると，エネルギーは何倍になるか。

□ ⓫ 震源の分布のようすは，何の分布のようすとほぼ一致しているか。

□ ⓬ 日本列島付近では，震源は日本海溝より大陸側と太平洋側のどちらに集中しているか。

□ ⓭ 地震の大きさを観測地点でのゆれの強さの程度で表したものを何というか。

□ ⓮ 右の図のA～Dは，ある1つの地点で観測した4つの別々の地震の地震計の記録を表している。

①図のAで，はやい波とおそい波の到達時刻の差を何というか。また，そのゆれを表しているものを⑦～⑦から選べ。

②図のA～Dの地震を，観測点から震源が近い順に記号で書け。

❶ 震源

❷ 震央

❸ P波

❹ S波

❺ 初期微動

❻ 主要動

❼ 初期微動継続時間

❽ 比例

❾ マグニチュード

❿ 1000倍

⓫ 火山

⓬ 大陸側

⓭ 震度

⓮ ①初期微動継続時間，⑦
②B，A，D，C

21. 火山・地震による災害

………… 月　　日

📎 図解チェック

① 火山による災害 ★★

❶ 火山噴出物…火山活動によって，火山ガス，溶岩，火山灰，火山れき，火山弾，軽石などが噴き出す。

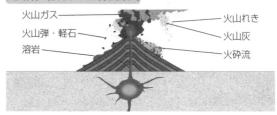

火山ガス
火山弾・軽石
溶岩
火山れき
火山灰
火砕流

● **火山ガス**…火山から出る気体成分のこと。主に**水蒸気**でできており，他には**二酸化炭素**や**二酸化硫黄・硫化水素**など，人体に有害な物質も含まれている。

● **火山灰**…火山から噴出された，直径2mm以下のもの。風によって遠方まで到達するため，広範囲に被害が広がりやすい。

● **火山れき**…火山から噴出された，直径2mm～64mmのもの。

❷ 噴火による災害…火山噴出物による直接的な災害のほか，次のような災害が起こることもある。

● **火砕流**…噴火によって生じた火山ガス・火山灰・火山弾・溶岩などが山の斜面を急速に流れ落ちる現象をいう。

● **融雪型火山泥流**…火山を覆っている雪や氷が火山活動によってとけ，火山噴出物と混ざって流れる現象。

▲火砕流（普賢岳）

✏ Check!

火砕流・融雪型火山泥流はいずれも山麓に大きな被害をもたらす。

知って
おきたい　火砕流は火山ガス・火山灰・火山弾・溶岩などからなる。

② 地震による災害 ★★

❶ 日本列島と地震…日本列島付近には4枚の**プレート**とその境界があるため，頻繁に地震が発生している。

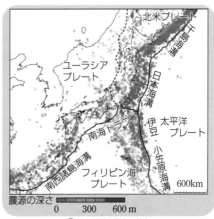

▲ 日本付近の震央の分布

震源の深さ
0　　300　　600 m

❷ 海溝型地震と内陸型地震

● **海溝型地震**…大陸プレートの下に海洋プレートが沈みこむとき，大陸プレートが引きずりこまれ，ひずみが生じる。ひずみが限界になると，大陸プレートがはね上がり，地震が生じる。このとき，海底の変形に伴って津波が発生することがある。

● **内陸型地震**…大陸プレート内でひずみが生じて断層ができたり，**活断層**が動いたりして地震が生じる。人の生活圏と震源が近いため，マグニチュードが小さくても大きな被害を生じることがある。

❸ 地震による災害…家屋の倒壊による被害のほか，**土砂崩れ**や**津波**，地盤の**液状化**など，さまざまなものがある。

● **津波**…地震によって急激に海底が上下に変形して発生する。大きな水圧を伴う速度の速い波である。

● **地盤の液状化**…地震の強い振動で地盤が液体状になる現象である。液状化によって，水が地面の上に噴出し，地盤が崩れて建物が倒壊することがある。

> 知って おきたい
> 地震による災害には，土砂崩れ，津波，地盤の液状化による建物の倒壊などがある。

③ 災害への備え ★★

すんでいる地域のハザードマップを
見てみよう！

❶ 火山災害への備え…火山の動きをいちはやく察知するため，**監視カメラ**（かんし）
を設置したり，**ハザードマップ**を住民に配布するなどの災害対策が進め
られている。

● **ハザードマップ**…災害時の被害範囲（ひがいはんい）を予想した図で，避難場所（ひなん），避難
経路などの情報が記されていることもある。

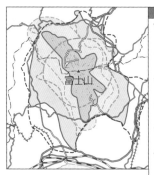

図の見方と記号の意味
◯ 火口ができる可能性の高い範囲。
● 過去にできた火口。
噴火しそうなとき，噴火が始まったときすぐに避難が必要な範囲。
火砕流が発生したときに，高熱のガスが高速で届く範囲。
火口から噴出した石がたくさん落ちてくる範囲。
溶岩が流れ始めた場合に，すぐに到達するかもしれない範囲。
◯ 火口位置によっては避難が必要な範囲。
積雪期に噴火しそうなとき，沢や川に近よっては危険な範囲。

▲ 富士山ハザードマップ(「内閣府」)

❷ 地震（じしん）災害への備え…地震によって建物が倒壊（とうかい）しないよう補強したり，緊（きん）
急地震速報（きゅう）によって大きなゆれに備えるようにするなどの対策が進めら
れている。また，津波が発生した際の避難場所となる津波避難ビルや津
波避難タワーの整備が進められている。

● **緊急地震速報**…震源に近い場所でP波を感知すると，S波が到着する
までに震度などを予想し，大きなゆれが予想される地域に知らせてい
る。

最重要事項
暗記

ゆさぶれば　固い砂さえ
地震によるゆれ

液状化
液状化

地震によって強いゆれが発生すると，水が
地表に噴出（ふんしゅつ）する液状化が発生する。

解答

□ ❶ 火山ガスは主に何からできているか。 ❶ 水蒸気

□ ❷ 火山ガスに含まれる，くさった卵のようなにおいの 有害な気体は何か。 ❷ 硫化水素

□ ❸ 火山灰の大きさは直径何mm以下か。 ❸ 2 mm

□ ❹ 噴火によって生じた火山ガス・火山灰・火山弾・溶岩などが山の斜面を急速に流れ落ちる現象を何というか。 ❹ 火砕流

□ ❺ 火山を覆っている雪や氷が火山活動によってとけ，火山噴出物となって山の斜面を急速に流れ落ちる現象を，融雪型(　　)という。 ❺ 火山泥流

□ ❻ 日本列島付近には，北アメリカプレート，ユーラシアプレート，フィリピン海プレート，(　　)プレートの4枚のプレートとその境界がある。 ❻ 太平洋

□ ❼ 地震による海底の変形に伴って発生する現象は何か。 ❼ 津波

□ ❽ (　　)型地震では，❼が発生することがある。 ❽ 海溝

□ ❾ 地震の強い振動で地盤が液体状になる現象を何というか。 ❾ 液状化

□ ❿ 災害時の被害範囲を予想した図で，避難場所や避難経路なども示されていることがあるものを何というか。 ❿ ハザードマップ

□ ⓫ 地震波のP波の方がS波よりもはやく到着することを利用して，地震の大きなゆれが来る前にその情報を伝えているものを何というか。 ⓫ 緊急地震速報

□ ⓬ 津波による被害が予想される地域で，一時的に高い場所に避難することができる建物として，津波避難ビルや(　　)の整備が進められている。 ⓬ 津波避難タワー

part 1 身近な物理現象

part 2 身のまわりの物質

part 3 生物の観察と共通点

part 4 ❻ 大地の変化

22. 地層のつくり

図解チェック

― ― ― 月　　日

1 地層のでき方 ★★

流水のはたらきによって,
れき,砂,泥などが運ばれ,
海底や湖底に堆積し,地層が
できる。

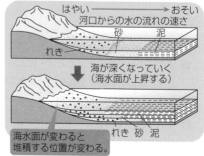

はやい ────→ おそい
河口からの水の流れの速さ
砂　　泥
れき

↓ 海が深くなっていく
（海水面が上昇する）

海水面が変わると
堆積する位置が変わる。
れき　砂　泥

Check!
粒の大きいれきは河口
近くに堆積し,小さい
泥は遠くまで運ばれる。

知って
おきたい　流水の三作用は,侵食,運搬,堆積である。

2 地層の広がり ★★

地層はほぼ水平に堆
積し,ふつう下の層ほ
ど古い。

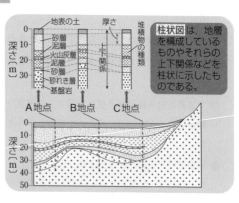

地表の土　厚さ　堆積物の種類
砂層
泥層
火山灰層
泥層
砂層
砂れき層
基盤岩

上下関係

A地点　B地点　C地点

柱状図は,地層
を構成している
ものやそれらの
上下関係などを
柱状に示したも
のである。

Check!
火山灰や化石を
含む地層は特徴
があるので,地層
の対比には有力で
あり,鍵層とよば
れる。

知って
おきたい　地層は連続して広がっており,地層を対比するには柱
状図で表すとわかりやすい。

● 柱状図を読みとれるようにしておこう。
● 堆積岩にはどのような種類があるか確認しよう。

③ 堆積岩の種類と特徴 ★★★

泥岩・砂岩・れき岩の粒は丸みを帯びているよ。

泥(粒の直径0.06mm以下)が固まってできている。

フズリナやサンゴなどの生物の死がいが固まってできている。

▲泥岩

▲石炭岩

砂(粒の直径2〜0.06mm)が固まってできている。

ホウサンチュウなどの死がいが固まってできている。

▲砂岩

▲チャート

れき(粒の直径2mm以上)が固まってできている。

火山灰や火山れきなどが固まってできている。

▲れき岩

▲凝灰岩

知っておきたい

石灰岩にうすい塩酸をかけると、二酸化炭素が発生する。堆積岩は化石を含むことがある。

④ 堆積岩のでき方と特徴 ★★

	種類	構成物	でき方
岩石の破片が堆積	れき岩	れき (粒の直径 2mm以上) 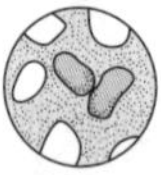	れきが砂や泥などで押し固められた。
	砂岩	砂 (粒の直径 2〜0.06mm) 	砂が押し固められた。
	泥岩	泥 (粒の直径 0.06mm以下) 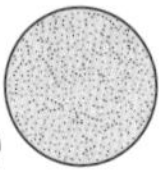	泥や粘土などが押し固められた。
火山噴出物	凝灰岩	火山灰，軽石，火山れきなど	火山灰や火山れきなどの火山噴出物が堆積して固まった。
生物の死がいが堆積	石灰岩	フズリナ，サンゴなど	生物体の石灰質や海水中の石灰分などが沈殿して固まった。
	チャート	ホウサンチュウなど	生物体や海水中の二酸化ケイ素が沈殿して固まった。

最重要事項 暗記

ちゃんとした
チャート

お**坊**さんと
ホウサンチュウ

おせっかいな
石灰岩

小僧さん
サンゴ

チャートはホウサンチュウが，石灰岩はサンゴなどが固まったものである。

☑ チェックテスト

解答

□ ❶ 岩石が温度変化や水などの影響を受けて，表面から崩れていく現象を何というか。

❶ 風化

□ ❷ 流水が，岩石を削るはたらきを何というか。

❷ 侵食（作用）

□ ❸ 海岸から遠く，流水の動きがかなりおそい所には，れき，砂，泥のうち，どれが堆積するか。

❸ 泥

□ ❹ 道路の切り通しなど，地層がむき出しの場所を何というか。

❹ 露頭

□ ❺ 堆積したれきや砂，泥などが，長い間に押し固められてできた岩石を何というか。

❺ 堆積岩

□ ❻ 直径2mm以上の粒からできている堆積岩を何というか。

❻ れき岩

□ ❼ サンゴなどの石灰分が固まってできた岩石を何というか。

❼ 石灰岩

□ ❽ ふつう，上の地層と下の地層では，どちらの地層が古いか。

❽ 下の地層

□ ❾ 右の図のア〜オのうち，①最も河口に近い場所で堆積した層，②含まれる粒が角ばっている層をそれぞれ選べ。

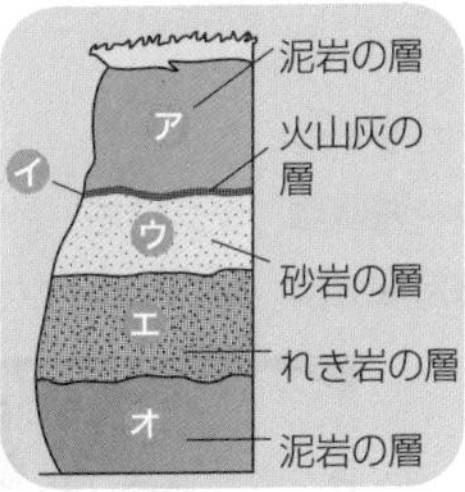

```
───────────
  ア     泥岩の層
          火山灰の
  イ      層
  ウ
          砂岩の層
  エ
          れき岩の層
  オ
          泥岩の層
───────────
```

❾ ①エ
　②イ

□ ❿ 流水のはたらきによって地層ができる。この流水のはたらきには，侵食，（　　），堆積がある。

❿ 運搬

□ ⓫ れき・砂・泥が堆積する場合，（①　　）がいちばん下に沈みやすい。これは粒の大きさによると考えられる。よって土砂が同時に沈んだとき，地層には下から（②　　）→砂→（③　　）の順で堆積している。

⓫ ①れき
　②れき
　③泥

□ ⓬ 火山灰や化石を含む地層は特徴があるので，地層の対比には有力であり，（　　）層とよばれる。

⓬ 鍵

part 1 身近な物理現象

part 2 身のまわりの物質

part 3 生物の観察と分類

part 4 ⑥ 大地の変化

23. 化 石

月 日

📎 図解チェック

1 化石と化石のでき方 ★

生物の死がいや生活の跡が石化して残ったものを**化石**という。

✏️ Check!
化石によって過去の自然環境や地層ができた時代のことがわかる。

❶大昔の海に生物が生活している。

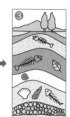
❷生物の死がいなどが地層の中に埋まる。骨や殻などはくさらずに残る。

❸骨や殻などが鉱物に置きかえられ、化石となる。陸上に出る。

🔺化石のでき方

2 示相化石 ★★★

化石から昔のようすがわかるんだね。

❶ 示相化石…限られた環境だけに生息している生物の化石を手がかりにして、地層が堆積した当時の環境を知ることができる。

❷ 示相化石の例

● サンゴ…あたたかく浅い海

● アサリ・カキ…浅い海　● シジミ…湖や河口

● マンモス…寒冷な気候　● シュロ・ソテツ…あたたかい気候

🔺二枚貝

🔺木の葉

🔺魚

知っておきたい　地層が堆積した当時の環境を示す化石を**示相化石**という。

得点 UP!
● 示相化石，示準化石の例を覚えよう。
● 地質年代を確認しよう。

③ 地質年代と示準化石 ★★★

丸暗記

❶ 地質年代…地球が誕生してから人間の歴史以前の，地層ができた時代を地質年代という。

代	先カンブリア時代	古生代						中生代		新生代	
紀	先カンブリア時代	カンブリア紀	オルドビス紀	シルル紀	デボン紀	石炭紀	二畳紀（ペルム紀）	三畳紀	ジュラ紀	白亜紀	古第三紀 / 新第三紀 / 第四紀
年	5億4100万年前							2億5200万年前		6600万年前	

❷ 示準化石…ごく短期間に，広範囲に存在していた生物の化石で，地層の堆積した時代(年代)を特定できる。

▲サンヨウチュウ
（古生代）

▲ハチノスサンゴ
（古生代）

▲フズリナ
（古生代）

▲アンモナイト
（中生代）

▲ビカリア
（新生代）

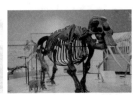
▲ナウマンゾウ
（新生代）

知っておきたい
地層が堆積した時代（年代）を示す化石を示準化石という。

23 化石 101

part 1 身近な物理現象

part 2 身の回りの物質

part 3 生物の観察と共通点

part 4 大地の変化

④ 古生代から新生代の生物 ★

代	5.41 億年前	示準化石の例	
古生代		**サンヨウチュウ**の化石 ハチノスサンゴの化石 フズリナの化石	シーラカンス（魚類） 最初の両生類 **イクチオステガ**（両生類）
中生代	2.52	**アンモナイト**の化石 恐竜（きょうりゅう）のなかまの化石 シソチョウの化石	ハ虫類と鳥類の中間的な生物 シソチョウ
新生代 古第三紀 新第三紀	0.66	ビカリアの化石 メタセコイアの化石	ウマの祖先　キツネぐらいの大きさ
第四紀	0.0260	**マンモス**の化石 ナウマンゾウの化石	ヒラコテリウム（ホ乳類）

テストで注意

Q アンモナイトの化石が含（ふく）まれる地層が堆積（たいせき）したと考えられる地質年代を答えよ。 → → → **A** 中生代

最重要事項 暗記

砂漠（さばく）では **年**（地層の年代）**中**（示準化石）**乾**（堆積時の環境）**燥**（示相化石）**化石**（化石の種類）を求め

化石はないか！ 年中乾燥

示準化石は地層の堆積時代（年代），
示相化石は堆積時の環境（かんきょう）を示す。

part 1
身近な物理現象

part 2
身のまわりの物質

part 3
生物の観察と共通点

part 4
❻ 大地の変化

☑ チェックテスト

解答

□ ❶ 地層が堆積した当時の環境を示す化石を何というか。

❶ 示相化石

□ ❷ 地層が堆積したときの時代(年代)を示す化石を何というか。

❷ 示準化石

□ ❸ 化石が見つかるのは堆積岩中と火成岩中のどちらか。

❸ 堆積岩中

□ ❹ 次の①〜⑥の示相化石が示す環境を簡単に答えよ。
   ① ブナ
   ② シジミ
   ③ ホタテガイ
   ④ サンゴ
   ⑤ カキ
   ⑥ マンモス

❹ ①やや寒冷な気候
  ②湖や河口
  ③寒冷な海
  ④あたたかく浅い海
  ⑤浅い海
  ⑥寒冷な気候

□ ❺ 次の①〜⑥の示準化石が示す時代(年代)を, 古生代, 中生代, 新生代で答えよ。
   ① フズリナ
   ② ティラノサウルス
   ③ サンヨウチュウ
   ④ マンモス
   ⑤ アンモナイト
   ⑥ ビカリア

❺ ①古生代
  ②中生代
  ③古生代
  ④新生代
  ⑤中生代
  ⑥新生代

□ ❻ 古生代, 中生代, 新生代を, 時代(年代)が古い順に答えよ。

❻ 古生代→中生代→新生代

□ ❼ あるがけにある地層からビカリアの化石が見つかった。この地層が堆積したと考えられる時代(年代)を答えよ。

❼ 新生代

□ ❽ ❼とは別のがけにある地層からは恐竜の化石が見つかった。この地層が堆積したと考えられる時代(年代)を答えよ。

❽ 中生代

□ ❾ ❼の地層と❽の地層は, どちらが古いか。

❾ ❽の地層

24. 大地の変動

📎 図解チェック

1 断層のでき方と種類 ★

地震などによって地層がたち切られ、ずれたものを**断層**という。地層に加わる力の向きによって、地層がずれる向きも変わってくる。

▲横ずれ断層(熊本県)

Check!
数十万年前以降にくり返し活動し、将来も活動すると考えられる断層を**活断層**という。

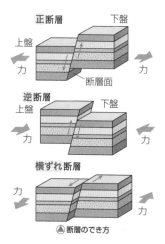

正断層　　　　下盤
上盤
力　　　　　　　　力
　　　断層面

逆断層
上盤　　　　下盤
力　　　　　　　　力

横ずれ断層
力　　　　　　　　力

▲断層のでき方

2 しゅう曲のでき方 ★★

横からの力で地層が曲がったものを**しゅう曲**という。大規模なものになると、山脈をつくることもある。

▲しゅう曲した地層

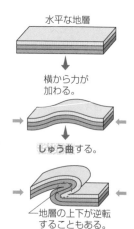

水平な地層

↓

横から力が加わる。

しゅう曲する。

地層の上下が逆転することもある。

▲しゅう曲のでき方

得点 UP!
● 断層やしゅう曲のでき方を確認しよう。
● 不整合ができるまでの流れを理解しよう。

③ 整合と不整合★

❶ 整合…上下の地層が連続して堆積(たいせき)していること。このとき，地層の重なりは平行になっている。

❷ 不整合…地層と地層の間で大きな時間差があり，連続して連なっていない面を不整合面といい，この境界を**不整合**という。不整合は，下の図のように，海底で堆積した層が隆起(りゅうき)し，地表で流水や風などにより侵食され，再び沈降(ちんこう)して侵食を受けた面の上に地層が堆積することで形成される。不整合から，土地の隆起，沈降のようすがわかる。

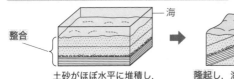

整合

土砂がほぼ水平に堆積し，地層ができる。

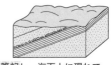

隆起し，海面上に現れて，流水や風により侵食される。

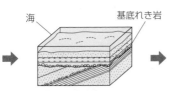

沈降し，前の地層の上に新しい土砂が堆積する。

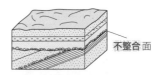

再び地層が隆起して陸地になる。

Check!
地層の中に不整合が見つかるということは，その場所で過去に地殻(ちかく)変動があったことを表している。

▲不整合

知っておきたい
不整合は，次のような流れでできる。
堆積➡地層の形成➡隆起➡侵食➡沈降➡再び堆積➡地層の形成➡隆起

④ プレートの動きと地形の変化★

❶ **プレートテクトニクス**…地球の表層部で起こるいろいろな現象を，**プレート**という厚さ70〜150 kmくらいの固い岩盤の移動や相互作用によって説明しようという総合的な考えを**プレートテクトニクス**という。プレートが移動したり，相互に衝突したり，沈みこんだりするとき，大規模な断層やしゅう曲が起こり，大山脈ができる造山運動が起こるとされる。

　大陸プレートどうしが衝突する場合は，衝突のあとの沈みこみはなくなり，衝突部分に両大陸プレートの構成物が変形して集まり，高い山脈をつくる。

● **プレート**…地球の表面を覆う岩盤のこと。地球全体で約十数枚ほどある。大陸をつくる**大陸プレート**と海洋をつくる**海洋プレート**がある。大陸プレートの方が軽いため，大陸プレートと海洋プレートが衝突する場合は海洋プレートが沈みこむ。

❷ **ヒマラヤ山脈のでき方**…以前のインド大陸は，現在と異なりユーラシア大陸と離れていたが，数千万年前にプレートの移動により両大陸が衝突し，ヒマラヤ山脈やチベット高原ができた。

▲ プレートの移動によるヒマラヤ山脈の形成

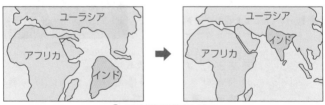

▲ インド大陸が移動するようす

⑤ 沈降してできた地形 ★★

❶ 沈降…海面に比べ土地が下がること。海面が上昇しても同様のことが起こる。沈降により，リアス海岸やフィヨルドなどの地形ができる。

❷ リアス海岸…起伏の多い山地が沈降し，海水が谷に入りこむことでできる，入り組んだ海岸線や多くの島々をもつ地形。

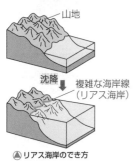

▲ リアス海岸のでき方

▲ リアス海岸(三重県英虞湾)

Check!

沈降によってできた地形には，氷河によって削られた谷が沈降してできた**フィヨルド**もある。

⑥ 隆起してできた地形 ★★

❶ 隆起…海面に比べ土地が盛り上がること。海面が下降しても同様のことが起こる。隆起により，河岸段丘や海岸段丘などの地形ができる。

❷ 河岸段丘…河川に沿って見られる階段状の地形。

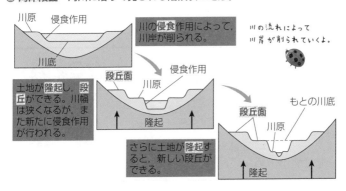

川の侵食作用によって，川岸が削られる。

川の流れによって川岸が削られていくよ。

土地が隆起し，段丘ができる。川幅は狭くなるが，また新たに侵食作用が行われる。

さらに土地が隆起すると，新しい段丘ができる。

❸ **海岸段丘**…海岸に沿って見られる階段状の地形。

● 地形から，その土地の沈降・隆起などの地殻変動のようすがわかる。

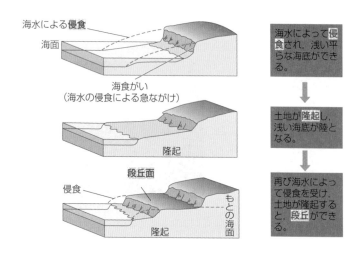

海水による侵食
海面
海食がい
（海水の侵食による急ながけ）
隆起

段丘面
侵食
もとの海面
隆起

海水によって侵食され，浅い平らな海底ができる。

土地が隆起し，浅い海底が陸となる。

再び海水によって侵食を受け，土地が隆起すると，段丘ができる。

Check!

海岸段丘は，海岸近くで地震が起こり土地が急激に隆起する場合と，土地がゆっくり隆起したり，気候の変化で海面の低下が起こったりする場合などにできる。

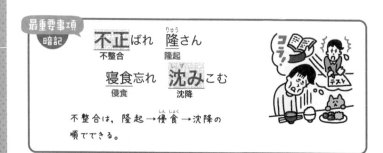

☑ チェックテスト

 解答

□ ❶ 地層が両側から引かれてできた断層を何というか。 ❶ 正断層

□ ❷ 地層が両側から押されてできた断層を何というか。 ❷ 逆断層

□ ❸ 地層が左右にずれてできた断層を何というか。 ❸ 横ずれ断層

□ ❹ 地層に横から長い間にわたって力が加わり続けると, 地層が波打つように曲がる。これを何というか。 ❹ しゅう曲

□ ❺ 地層が連続して堆積し, 平行に重なっているような地層の重なり方を何というか。 ❺ 整合

□ ❻ 土地が隆起することによってできた, 川沿いで見られる階段状の地形を何というか。 ❻ 河岸段丘

□ ❼ 海岸線の出入りの多い複雑な海岸で, 陸地が沈降したため, 谷の部分に海水が侵入し, 尾根が岬や半島になった地形を何というか。 ❼ リアス海岸

□ ❽ 大地の変動などにより地層の重なり方が不連続になっているものを何というか。 ❽ 不整合

□ ❾ 右の図のような構造を何というか。 ❾ 断層

□ ❿ ❾が生じるときに, 起こる現象は何か。 ❿ 地震

□ ⓫ 地球の表面は(①)とよばれる十数枚の岩盤で覆われている。このうち, 日本付近には(②)枚の①の境界がある。 ⓫ ①プレート ②4

□ ⓬ ①下の図の㋐〜㋒の地形の名称をそれぞれ答えよ。
②図の㋐〜㋒の地形を, 土地の隆起によってできたものと, 沈降によってできたものに分けよ。

⓬
①㋐海岸段丘
　㋑河岸段丘
　㋒リアス海岸
②隆起ー
　㋐, ㋑
　沈降ー㋒

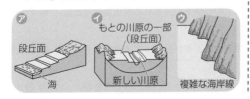

㋐ 段丘面／海　㋑ もとの川原の一部（段丘面）／新しい川原　㋒ 複雑な海岸線

24 大地の変動 109

📝 まとめテスト

解答

□ ❶ マグマが冷えて固まった岩石を何というか。

□ ❷ マグマが地表または地表近くで，急に冷えて固まってできた岩石を何というか。

□ ❸ マグマが地下深い所で，ゆっくりと冷えて固まってできた岩石を何というか。

□ ❹ 火山岩に見られる特徴的な組織は何か。

□ ❺ 深成岩に見られる特徴的な組織は何か。

□ ❻ 地震の発生した地点を何というか。

□ ❼ ❻の真上の地表の地点を何というか。

□ ❽ P波が起こすゆれを何というか。

□ ❾ P波が到着してからS波が到着するまでの時間を何というか。

□ ❿ 火山の噴火によって生じた火山ガス・火山灰・火山弾・溶岩などが山の斜面を急速に流れ落ちる現象を何というか。

□ ⓫ 震源が海底にある海溝型地震が起こったとき，海に近い地方で特に注意すべき現象は何か。

□ ⓬ 地震により，地面が液体状になる現象を何というか。

□ ⓭ 被害を受ける可能性のある区域や避難場所，避難経路などの情報が記載された地図を何というか。

□ ⓮ 流水の三作用とは，侵食，運搬と何か。

□ ⓯ 地層を構成しているものや，それらの上下関係などを柱状に表した図を何というか。

□ ⓰ 海底などに堆積したれきや砂，泥などが，長い間に押し固められてできた岩石を何というか。

□ ⓱ 直径2mm以上の粒が多く含まれる堆積岩を何というか。

□ ⓲ 火山灰などの火山噴出物が固まってできた岩石を何というか。

□ ⓳ ⓱と⓲で，粒が丸みを帯びているのはどちらか。

❶ 火成岩

❷ 火山岩

❸ 深成岩

❹ 斑状組織

❺ 等粒状組織

❻ 震源

❼ 震央

❽ 初期微動

❾ 初期微動継続時間

❿ 火砕流

⓫ 津波

⓬ 液状化

⓭ ハザードマップ

⓮ 堆積

⓯ 柱状図

⓰ 堆積岩

⓱ れき岩

⓲ 凝灰岩

⓳ ⓱

□ ⑳ 塩酸をかけると二酸化炭素を発生する岩石は何か。　　⑳ 石灰岩

□ ㉑ 生物の死がいが固まってできた岩石のうち，ホウサ　　㉑ チャート
　　ンチュウなどによってできた岩石は何か。

□ ㉒ 火山灰や化石を含むため，地層を対比するのに有効　　㉒ 鍵層
　　な層を何というか。

□ ㉓ 地層が堆積した当時の環境を示す化石を何という　　㉓ 示相化石
　　か。

□ ㉔ 地層が堆積した時代(年代)を示す化石を何という　　㉔ 示準化石
　　か。

□ ㉕ 次の示相化石が示す環境を答えよ。　　　　　　　　㉕ ①やや寒冷
　　① ブナ　　　　　　　　　　　　　　　　　　　　　　な気候
　　② サンゴ　　　　　　　　　　　　　　　　　　②あたたか
　　③ カキ　　　　　　　　　　　　　　　　　　　　く浅い海
　　④ シジミ　　　　　　　　　　　　　　　　　　③浅い海
　　⑤ アサリ　　　　　　　　　　　　　　　　　　④湖や河口
　　⑥ マンモス　　　　　　　　　　　　　　　　　⑤浅い海

□ ㉖ 次の①～③の示準化石が示す時代(年代)を，古生代，　　⑥寒冷な気
　　中生代，新生代で答えよ。　　　　　　　　　　　　　　候
　　① ビカリア　　　　　　　　　　　　　　　　㉖ ①新生代
　　② アンモナイト　　　　　　　　　　　　　　②中生代
　　③ サンヨウチュウ　　　　　　　　　　　　　③古生代
　　④ フズリナ　　　　　　　　　　　　　　　　④古生代
　　⑤ 恐竜　　　　　　　　　　　　　　　　　　⑤中生代

□ ㉗ 地層が連続して堆積している重なり方を(①　　)とい　　㉗ ①整合
　　い，不連続に堆積している重なり方を(②　　)という。　②不整合

□ ㉘ 地球の表面を覆う岩盤を何というか。　　　　　　　㉘ プレート

□ ㉙ リアス海岸は，陸地の沈降と隆起のどちらによって　　㉙ 沈降
　　できたか。

□ ㉚ 地層にくい違いができた所を(①　　)といい，地層　　㉚ ①断層
　　に大きな力が加わり，波打つように曲がった所を　　　②しゅう曲
　　(②　　)という。

装丁デザイン　ブックデザイン研究所
本文デザイン　京田クリエーション
　　図　版　ユニックス
　　イラスト　ウネハラユウジ

写真所蔵・提供

内井道夫　恩藤知典　暮町昌保　ピクスタ　堀田清史　益城町
〈敬称略・五十音順〉

本書に関する最新情報は, 小社ホームページにある**本書の「サポート情報」**を
ご覧ください。(開設していない場合もございます。)
なお, この本の内容についての責任は小社にあり, 内容に関するご質問は直接
小社におよせください。

中1 まとめ上手 理科

編著者　中学教育研究会　　発行所　受験研究社

発行者　岡　本　明　剛　　ⓒ株式会社 増進堂・受験研究社

〒550-0013 大阪市西区新町2—19—15
注文・不良品などについて：(06)6532-1581(代表)／本の内容について：(06)6532-1586(編集)

Printed in Japan　ユニックス(印刷)・高廣製本

落丁・乱丁本はお取り替えします。